U0171812

INTRODUCTION TO

BLOCK CHAIN

区块链超入门

第 2 版

方军◎著

机械工业出版社
China Machine Press

图书在版编目（CIP）数据

区块链超入门 / 方军著. -- 2 版. -- 北京：机械工业出版社，2021.9

ISBN 978-7-111-69094-8

I. ①区…　II. ①方…　III. ①区块链技术 – 基本知识　IV. ① TP311.135.9

中国版本图书馆 CIP 数据核字（2021）第 182342 号

　　这是一本了解区块链的入门书，资深互联网技术专家方军从技术、商业、人文等视角给大众介绍了下一代互联网的革命性技术。区块链，源自比特币的底层技术，但从本质上来说，它是种安全存储、记录、交易数据的互联网技术。作为下一代互联网技术，区块链技术将被广泛应用到社会的各行各业，它将演变为合约、货币等各种终端产品，也将重构这个世界的资源分配。唯有早了解这门技术，并为你所用，才能在未来的区块链商业社会分到一杯羹。

区块链超入门　第 2 版

出版发行：机械工业出版社（北京市西城区百万庄大街 22 号　邮政编码：100037）

责任编辑：岳晓月

责任校对：马荣敏

印　　刷：大厂回族自治县益利印刷有限公司

版　　次：2021 年 10 月第 2 版第 1 次印刷

开　　本：147mm×210mm　1/32

印　　张：11.375

书　　号：ISBN 978-7-111-69094-8

定　　价：79.00 元

客服电话：（010）88361066　88379833　68326294　　投稿热线：（010）88379007

华章网站：www.hzbook.com　　　　　　　　　　　　读者信箱：hzjg@hzbook.com

推荐序

前言

区块链 1.0：从比特币看区块链

区块链 2.0：以太坊、智能合约与通证

区块链 3.0：去中心化应用

区块链未来：交易的基础设施

区块链技术原本是被创造出来用以支撑比特币这一加密数字货币的，但是它现在已独立存在，是最具创新性和颠覆性的技术之一。比特币和其他加密数字货币是否能在泡沫中幸存尚未可知，但用一种链式方式追踪交易的区块链方法将长期存在于计算机教科书中。

纯粹主义者有时会抱怨，区块链技术的最初目的被劫持了：区块链在诞生时是一个通用的分布式数据库，是 peer-to-peer（P2P，点对点）计算概念的演进，但现在它常被设想为分布式的交易记录，即如何在一个组织内或多个组织的联盟内以安全的方式记录交易信息这个相对局限的概念。这样应用区块链技术与其初始目的略有不同，但并非非同寻常。

事实上，区块链的应用每年都在变化，并会在将来持续下去。区块链有多种应用，目前它的主要应用仍然是处理在世界各地进行的比特币交易的分布式开放网络。曾有一段时间，人们认为区块链技术与金融有着密切的联系；然后，区块链成为实现实体之间可靠契约的新途径。

之后，区块链被认为是任何人都可以用来构建应用程序的一种技术，只要去中心化就能够使应用更安全、更高效。它与比特币、数字货币和金融世界的最初联系已然褪色。事实上，一些金融公司已接受了区块链技术，但拒绝使用加密数字货币（它在一些国家甚至是被禁止的）。

区块链技术正帮助跟踪供应链和物流中的货物运输，帮助跟踪医疗行业中药物和疫苗的开发，帮助确保物联网中的数据传输安全，帮助保护知识产权并提供来源证明。

作为一个颠覆者（disruptor），区块链的潜力在很大程度上还未被开发。它作为颠覆者的潜力源自区块链在各类交易中的中间人角色：它可以使公众摆脱当今互联网世界的中间人，如谷歌、奈飞、亚马逊等。

作为一个推动者（enabler），区块链的潜力仍鲜为人知：有哪些今天不能实现的事情未来可以通过区块链实现？这项技术尚处于"婴儿期"。

区块链技术不容易理解，而其可能的应用和用途取决于人们对它的理解。由在学术界和产业界都有经验的方军撰写的这本书恰逢其时，本书涵盖了一般公众和商业人士要关注的区块链技术的所有主要方面。

皮埃罗·斯加鲁菲（Piero Scarruffi）

《硅谷百年史》作者，硅谷人工智能研究所创始人

（宋昱恒 / 译）

起源于 2008 年年底,经过近 10 年的酝酿,区块链技术逐渐成为席卷全球的信息技术新浪潮之一。在互联网高速发展 20 多年后,区块链再一次抓住了所有人的想象力。区块链被视为新一代的互联网,之前的互联网被改称为"信息互联网",而区块链技术支撑的互联网被叫作"价值互联网"。

"风起了,接着飓风来袭。"英特尔 CEO 安迪·格鲁夫曾如是说。现在,区块链技术的风已起了,经过 2017 年下半年的狂飙和 2018 年的跌宕,即便是离技术产业很远的人也或多或少地感受到了微风。那些已经跃入区块链技术与产业中的人则经历了多轮风暴,他们在激烈地争论、展望,他们在没日没夜地研发、试验。

"超越……的界限而联结和动员其他人",我们可以改编管理学家约翰·哈格尔的话为:区块链超越了公司组织的界限而联结和动员其他人。现在,区块链的确已经展现出了其独特的魅力——联结多方，形成联盟。过去 20 年，我们已经强烈感受过互联网有着这样的力量，现在区块链可能再来一回。

但是，当把计算机、密码学、软件工程、经济学、金融与货币、商业战略、组织管理等都放在一起放飞想象力时，我们一方面在观念碰撞和实践磨炼中前行，另一方面又开始模糊一些基本问题的答案：区块链是什么？区块链有什么用？

当我们最初接触区块链，并在 2016 年年末一份报告⊖中开始尝试探讨区块链时，我们感受到了朋友们的困惑：你们在说什么？当被要求向普通人介绍区块链时，我们觉得好难。

我撰写本书的初衷只是达成一个简单的目标，回到比特系统与区块链技术的源头，沿着区块链的发展脉络去理解它，并努力让普通人能听得懂。在本书中，我分区块链 1.0、区块链 2.0、区块链 3.0、区块链未来四个部分来进行回顾和展望，并穿插了几种形式独特的内容以帮助你理解：一是直观的图示，以更好地阐释原理；二是"冷知识"专栏，深入解读一些细节；三是"专题讨论"专栏，探讨一些前沿话题。在第 2 版中，我们增加了对新兴的项目与新出现的技术方向的探讨。

⊖ 与腾讯研究院合作的一份互联网产业报告，2018 年由机械工业出版社出版为《平台时代》一书。

区块链是什么，区块链有什么用

经过 10 多年的发展与起伏，人们对区块链的认识有多次转变。现在，如图 0-1 所示，我们常用四个词来描述区块链：区块链是世界账本，区块链是事实机器，区块链是信任协议，区块链是结算方式。

图 0-1 区块链的定义及用途

区块链是世界账本。区块链里存储的数据是一条交易流水组成的明细账，而它形成的账本最终记录的是类似于我们在传统账本中记录的所有权信息，如金钱、证券、资产、证书、合同、证据、访问权、收藏品、积分等。

区块链是事实机器。只要我们能够确保记录到区块链上的数据是对的，那么区块链技术可以确保这些数据永远跟上链的那一刻完全一致。随着时间的推移，这些数据的可靠性越来越强，它既不像纸张那样会随着时间褪色，也不会像数据库那样容易被篡改。

区块链是信任协议。人与人、组织与组织、物与物之间均能依托区块链账本与网络来形成信任，进行交易。人类社会因交易所需的信任协议经历了血缘关系、一手交钱一手交货、商业信誉、合同、互联网平台等几代，区块链是适用于数字世界的新一代信任协议。

区块链是结算方式。通过地址、私钥、区块链账本，双方直接进行交易与结算，无须可信第三方（即中间人）的参与。同时，区块链能够结算的事物，将远远超过现金、证券这些狭义的资产，各种各样广义的价值（如金钱、数据、收藏品等）均能在其上进行结算。我们认为，未来，区块链将成为数字经济的交易基础设施。

与描述"区块链是什么"的四个词相对应，区块链有四种主要的用途：用作确权工具，用作存证平台，用于通证经济激励，应用于金融网络。

特别地，在讨论区块链时，我选择了从互联网的视角出发。我们已经熟知了互联网技术、商业模式和互联网公司，而区块链将升级与迭代现有的互联网格局。从技术上看，区块链是对现有信息互联网的升级，它是一组关于"价值"的技术或协议——价值表示功能、价值转移功能、价值表示物。从产业上看，它将像互联网业一样形成一个全新产业，区块链产业正处在一片空白且机遇无限的阶段。从经济上看，互联网已经扩展为"互联网＋"，赋能一个个产业，而区块链诞生之初就展现出"区块链＋"的可能性。从宏观上看，主要由互联网相关技术驱动的数字经济已经基本成型，并在持续高速发展中，适时出现的区块链将成为数字经济基础设施的重要部分。

希望本书能助力你的区块链之旅。

区块链 1.0

数字现金系统

去中心化的价值表示	分布式账本
去中心化的价值转移	去中心网络

区块链的两个基础功能	区块链的基础组成部分

1.0

区块链 1.0

从比特币看区块链

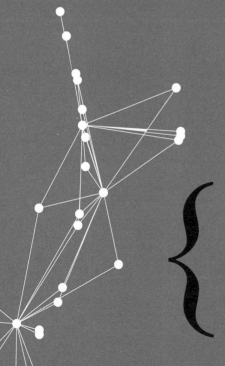

区块链是什么
——源自比特币的技术创新

比特币是如何转账的
——比特币区块链的五个技术性细节

区块链有什么技术意义
——从信息互联网到价值互联网

比特币为什么有价值
——从数字资产视角看比特币

1. 区块链是什么
——源自比特币的技术创新

随着比特币的总市值在 2021 年年初接近万亿美元，比特币与区块链再次迎来了高光时刻。更多人开始确信，区块链是过去 10 年、未来 10 年最重要的互联网新技术浪潮，它将把我们从"信息互联网"带向"价值互联网"。

那么，比特币是什么？区块链是什么？价值互联网或价值网络又是什么？要回答这一系列问题，我们要回到 10 多年前，从匿名的神秘技术极客、比特币创始人中本聪（Satoshi Nakamoto）发明比特币的那一刻说起。

比特币的创世时刻

2009 年 1 月 3 日，在位于芬兰赫尔辛基的一台服务器上，中本聪创建了比特币区块链网络的第一个数据区块,即所谓"创世区块"(genesis block)。人们通常把比特币区块链看作一个账本,创世区块是这个账本的第一页。

在创世区块的备注中,中本聪写上了当天英国《泰晤士报》头版头条的标题:"The Times 03/Jan/2009 Chancellor on brink of second bailout for banks"(中文:《泰晤士报》,2009 年 1 月 3 日,英国财政大臣站在第二次救助银行的边缘)。

通过这样的方式,他记录了比特币区块链网络的启动时刻。他借这句话对当时的全球金融体系状况进行了暗讽:经历了 2008 年金融海啸的冲击,全球金融体系看起来已摇摇欲坠。

在创建创世区块时,中本聪按自己设定的游戏规则,获得了 50 枚比特币的奖励,这就是最早的 50 枚比特币。从这一刻开始,在比特币的区块链账本上,约每 10 分钟,一个新的数据区块就被增加到链条的最后,同时新的几十枚比特币被凭空发行出来。

迄今为止,比特币区块链网络已经稳定运行了十多年,它现在是由数万个节点组成的全球价值网络,以亿美元计的资产在其上流转。更引人瞩目的是,从资产角度看,比特币价格最高时成为总价格近万亿美元的全新主流资产类别。诞生之初,比特币没有任何价值,但随着时间的推移,比特币有了价格,且价格越来越高。按 2021 年 1 月 1 日的价格，比特币区块链这个全球价值网络上储存的比特币的总市值约为 7000 亿美元，跟 Facebook 和阿里巴巴的市值相当，超过巴菲特的伯克希尔－哈撒韦公司。

2021 年 2 月 8 日，电动汽车公司特斯拉宣布，它已经用公司现金的 7%（15 亿美元）购买了比特币作为公司的财政储备。消息披露后，比特币的价格瞬间暴涨 30%，达到每枚 4.5 万美元。之前几天，特斯拉创始人马斯克在推特（Twitter）上发的推文可能是一种暗示——"回顾看，这必然会发生。"在让公司大笔买入比特币时，马斯克心中所想的或许就是这句话。

现在，比特币被视为一种"价值存储媒介"（store of value）。通俗地说，它被视为"数字黄金"，它被认为可能在数字世界中模拟黄金在人类经济社会中的功能，能够跨越时间储存价值，能够对冲货币贬值。当然，正如黄金的实用价值有限一样，比特币的实用价值也不断地受到挑战。

虽然比特币价格暴涨，但我们还是必须承认一点：价格并不等于价值。现在人们更加迫切地想搞明白：比特币是什么？它真的有价值吗？它带来了什么根本性的变化？

这是这本写给所有人看的关于区块链技术的书要解决的第一组问题。我们回答这些问题的大背景是，经过 10 多年的发展，越来越多的人已经认识到，比特币和区块链在技术、经济、社会等多个层面都创造了全新的范式。这里需要说明的是，在讲述比特币的诞生过程时，我们不可避免地提到了很多陌生名词：区块链、区块、账本、比特币、比特币区块链网络、价值网络。我们还会谈到更多：共识机制、去中心化、智能合约、加密数字货币、哈希运算、非对称加密、去中心化自治组织、通证、通证经济……不用担心，本书会逐渐地为你讲解。

现在，让我们接着回到比特币的创世时刻去尝试着理解比特币与区块链带来的变化。

在比特币的创世时刻，比特币系统有三个组成部分——比特币[⊖]、分布式账本（distributed ledger）、去中心网络（decentralized network）（见图 1-1）。之后各种区块链网络的组成部分大体上与比特币系统相似。中本聪将已有的技术创新组合起来，巧妙融合技术与经济的逻辑，最终"发明"了区块链系统。

⊖ 在中国，比特币等所谓"加密数字货币"（cryptocurrency）被界定为"虚拟商品"。2013 年年底，中国人民银行等五部委发布的《关于防范比特币风险的通知》认为，"从性质上看，比特币是一种特定的虚拟商品，不具有与货币等同的法律地位，不能且不应作为货币在市场上流通使用"。本书主要探讨区块链技术和应用，对加密数字货币、区块链项目、通证以及币币交易（或通证兑换）均为技术性讨论，不代表任何投资建议。《关于防范比特币风险的通知》全文见：http://www.gov.cn/gzdt/2013-12/05/content_2542751.htm。

比特币的创世时刻
2009年1月3日

创建者
中本聪
（Satoshi Nakamoto）

论文
《比特币：一个点对点电子现金系统》
（*Bitcoin: A Peer-to-Peer Electronic Cash System*）

图 1-1　比特币系统的三个组成部分

比特币常被称为一种"加密数字货币"，其实比特币并不具备现在各国法定货币的特征，它是一种数字形式的特殊商品，或者我一般更愿意说的"价值表示物"。

2008 年 10 月 31 日，中本聪向一个密码学邮件列表即"密码朋克"(cypherpunk) 邮件组的所有成员发了一封电子邮件，标题为《比特币：一个点对点电子现金系统》（*Bitcoin: A Peer-to-Peer Electronic Cash System*）。⊖他写道："我一直在研究一个新的电子现金系统，它完全是点对点的，不需要任何可信第三方。"比特币的起源应早于这个日期，因为中本聪说，他从 2007 年 5 月就开始为比特币项目编程。2008 年 8 月，他注册

了 bitcoin.org 域名，这是现在比特币项目的官方网址。

在邮件里，他附上了现在大家所说的"比特币白皮书"的文档链接。中本聪 2008 年发表的这篇论文可能是互联网发展史上最重要的论文之一，其他重要的论文还有利克里德写的开启互联网前身阿帕网的《计算机作为一种通信设备》（1968 年）、蒂姆·伯纳斯 – 李写的万维网（WWW）协议建议书《信息管理：一个建议》（1989 年）、谷歌联合创始人谢尔盖·布林与拉里·佩奇写的有关搜索引擎的论文（1998 年）等。

可以合理地推测，中本聪不是一个学院派的研究型学者，他更可能是一个从事实际软件工程开发的工程师。他先开发了软件，然后才写了上面提到的重量级论文，来解释自己的设计思路。用他自己的话说："我必须写出所有的代码，然后才能说服自己可以解决所有问题，之后写了这篇文章。"

2008 年 11 月 16 日，中本聪公布了比特币系统的源代码。在发布白皮书并将软件代码开源后，2009 年 1 月 3 日，他在互联网上上线了比特币网络。之后，中本聪和密码学家哈尔·芬尼（Hal Finney）、后来的比特币主力开发者加文·安德烈森（Gavin Andresen）等人在网上论坛一起讨论想法，继续开发与迭代。

随着比特币网络的逐渐成熟，中本聪的活动开始减少，比特币网络逐渐进入自治运转的状态。这是软件系统历史上的奇迹，也是人类组织的奇迹，它没有一个管理团队，却在众人协同下发展壮大。某种意义上，比特币系统是一个工程典范，它的实际运行比理论上要好得多。

最终，在发明比特币系统 3 年后，自 2011 年 11 月中本聪永远不再出现。中本聪成了一个永远匿名的传奇，没人知道他是谁，他只在世界上留下了自己的创造物。中本聪创造了三个事物：持续运转的比特币系统；总价值越来越高的比特币；从比特币系统中涌现，现在被统称为"区块链"的新一代互联网技术。

中本聪为什么创造比特币

那么，中本聪为什么要创造比特币系统与比特币呢？作为软件工程师，他开发这个系统想解决什么难题？

比特币的出现源于一群技术极客一直试图解决的技术难题，而中本聪完成了最后一步跳跃，这个技术难题是：在数字世界中，如何创造一种具有现金特征的事物？

纸币现金或者人类历史上的金币、银币有一个重要的特性：一个人可以把纸币现金直接给另一个人，无须仰赖任何中间人居中协调处理。

当我们进入到数字时代后，中间人似乎不可或缺：转账时，我们必须仰赖银行、银行卡联盟、支付宝或微信支付等中间人。有人说，这些中间人就像神一样的存在，它们也必须存在。问题是，这些中间人必须存在吗？

"比特币：一个点对点电子现金系统"这个标题说出了中本聪想解决的难题：他想创造数字世界中的电子现金，它可以点对点，也就是个人对个人交易，交易过程中不需要任何中介参与。用他自己的话说："一个真正的点对点电子现金应该允许发起方直接支付给对方，而不需要通过金融机构。"也就是不再需要一个"可信第三方"（trusted third party），在数字世界中，价值的流动不再需要中间人。

要说明的是，"电子现金"中的现金指的并非货币，它只是在解决难题的过程中被借用来在数字世界中代表价值的说法。在经济生活中，最常见的代表价值的事物是现金。

中本聪并不是第一个想要解决"电子现金"这个难题的人，在2008年，他对此再次发起冲击，并获得了成功。攻克这个难题非常重要，这是因为，如果能够开发出这样一个不需要中间人、直接在人与人之间支付电子现金的技术系统，那么，各种各样的价值（比如股权、房屋所有权、知识产权、数据、金融衍生品等）就可以用类似的技术系统来在人与人之间进行转移。这给数字世界补上缺失的一环——现在，我们已经有了信息传播网络，我们还需要一个更好的价值传输网络。

去掉"可信第三方"或"去中介"是比特币与区块链的核心概念，我们来详细对比一下，以了解它。

在物理世界中，一个人可以把现金纸币给另一个人，不需要经过诸如银行、支付机构、见证人等中介。

当我们进入数字世界后，中间人变得不可或缺。这是因为，数字文件是可复制的，复制出来的电子文件是一模一样的。因此，我们不能简单地用一个数字文件作为代表价值的事物，我们要仰赖中心化数据来记录，避免有人使用复制品。那么，如果没有一个中心化数据库做记录，如何避免一个人把一笔钱花两次？这就是所谓的双重支付或双花问题[⊖]。

在现在的数字世界中，当一个人要把现金转给另一个人时，必须有中间人的参与。在比特币出现之前，我们熟悉的主要电子现金系统（如 PayPal、支付宝等）都是依靠中心化数据库来避免双花问题的，这些可信第三方不可或缺（见图 1-2）。我们通过支付宝转账的过程是：支付宝在一个人的账户记录里减掉一定的金额，在另一个人的账户记录中增加相应的金额。

图 1-2 比特币是点对点的现金，不需要任何中介

⊖ 双重支付或双花（double spending）问题是，在数字世界中一笔钱可能被花两次、三次或多次，系统设计需要规避这种情形。中心化的支付依靠中心化数据库来解决这一问题，而去中心化的电子现金依托分布式账本与共识算法来解决这一问题。区块链的安全性问题的重点之一就是避免双花。

在去中介或去中心化的电子现金这条路上，一直有很多技术专家在做着各种尝试，但他们一直未能获得成功。到了 2008 年，借鉴和综合前人的成果，特别是现在常被统称为"密码朋克"的群体的成果，中本聪改进了之前的各类中心化和去中心化的电子现金，后又加上自己的独特组合创新，创造了比特币系统。（历史过程详见本节后"冷知识"专栏的《加密数字货币前传：从大卫·乔姆到中本聪》。）

在发明比特币系统时，中本聪以全新的方式来解决问题。他或许没有发明任何新技术，而只是将各种技术组合到了一起，但他的这种组合创造了一种全新的范式，这实际上是更高层级的创新。

现在，我们用中心化账本来记录"每个人拥有多少钱"，我们靠一个可信的中间人（如网上银行、第三方支付机构等账簿管理人）来让钱从一个人转账到另一个人。那么，能不能用一个靠代码与规则运转的技术系统来取代过去由人组成的公司组织呢？

中本聪给出了解答：

- 基本思路。他的基本思路是，用"去中心网络"取代"中心化组织"，用"分布式账本"取代"中心化账本"。

- 实现方式。为了实现这样的技术系统，他设计了两个独特的方式：第一，区块链账本（区块＋链）这样的独特账本结构，也被称为"三式记账法"（Triple Entry Accounting）；

第二，用工作量证明（Proof-of-Work，PoW）共识算法来协同参与者运行去中心网络，其中特别的是每个区块为参与者提供比特币形式的奖励。

- 最终成果。他的成果也是双重的：第一重是比特币系统与比特币；第二重是区块链技术这个数字世界的所有权管理系统技术。

区块链是适应数字世界的新型所有权管理系统，它包括两大组成部分：记录谁拥有多少价值，以及用转账交易来实现价值转移。在我看来，人们往往过于关注"谁拥有多少价值"的记录以及价值的数量，而对于"用转账交易来实现价值转移"关注不够。它其实是区块链发展的主轴，在第二章讨论以太坊时我们将会再回到这个主题，以太坊让转账交易更便捷、更易编程、更可普遍地应用。

自 2008 年中本聪发布比特币白皮书已经过去 10 多年，比特币系统的长期正常运转表明，它完成了中本聪的设想，解决了最初想解决的技术难题。

让人意外的是比特币的价格。最初，比特币这种所谓的电子现金并没有价格，比特币系统只是在逻辑上可行的系统，或者技术人员常说的为了尝试解决难题而开发的"玩具系统"。2010 年 5 月 22 日，在一个网络论坛上，有一个程序员用 1 万枚比特币换了两张棒约翰比萨的代金券，比特币有了一个最知名的公允价格：1

万枚比特币等于 25 美元。为了纪念这一天,每年的 5 月 22 日便成了区块链业界的节日——比特币比萨节,大家聚会吃比萨庆祝。

比特币有了价格后,其价格在 10 年间大幅上涨。比特币的价格在自由市场交易中被确定,长期保持上涨姿态,又反复地大幅波动,最终,2021 年年初最高达到 6 万美元。当时,在特斯拉美国官网,你用一枚比特币差不多可以换一辆最新款的电动汽车。

比价格更重要的是比特币这一技术系统的价值。比特币这一技术系统一直保持稳定,而且看起来还将长期稳定地运转下去。

比特币系统还带来了技术模型和经济组织方面的新思路——去中心化。比特币这个电子现金系统是同时去中介化和去中心化的:个人与个人之间的电子现金转账无须可信第三方中介的介入,这是交易的去中介化。这个电子现金的货币发行也不需要一个中心化机构,而是由代码与共识机制完成,这是发行的去中心化。另外,由于中本聪在早期就隐身而去,围绕比特币形成的开发、应用、投资社群也是去中心化的。(本章最后"冷知识"专栏的《比特币实现了极致的去中心化》对此有进一步的探讨。)

在比特币系统中发现区块链

在物理世界中,现金是一张张纸币,背后有着一整套与货币相关的金融体系:中央银行、商业银行、印钞厂、信用卡组织,以及后来出现的第三方网络支付机构等。

在数字世界中，想要创造一种去中介化、去中心化的"电子现金"，同样要设计一套完整的系统。这一系统要能解决以下一系列问题：

- 如何去中介？是否像在物理世界中一样，一个人可以直接把现金给另一个人，无须任何中介的协助？

- 这种电子现金如何防伪？在数字世界中，这个问题也就是，一笔电子现金如何不被花费两次？更准确地说是，如何实现在不需要中心化账本的情况下让一笔电子现金不被花费两次？

- 这种电子现金如何公平、公正地发行（理想情况下由预设规则代码自动运行），而不被中心化机构或某些个人控制？

中本聪设计和开发的比特币系统完美地解决了上面这些问题。提到比特币，人们通常指的是比特币这种用作价值表示的电子现金。其实，作为电子现金的比特币只是比特币系统的最上层，比特币系统共包括三层（见图1-3）：

- 最上层是比特币这种电子现金。这一层是整个系统的应用层。

- 中间层的功能是发行比特币与处理用户间的比特币转移。这一层也被称为比特币协议（Bitcoin Protocol），是整个系统的应用协议层。

● 最底层是比特币的分布式账本和去中心网络。这一层也被称为比特币区块链（Bitcoin Blockchain），是整个系统的通用协议层。

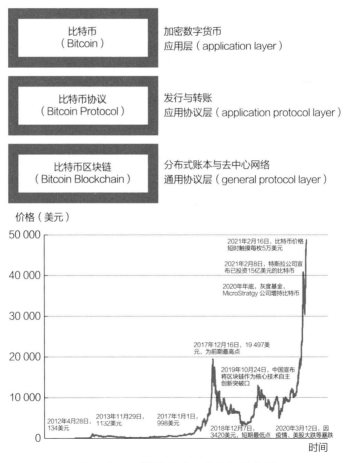

图 1-3　一张图看清比特币与区块链

比特币系统实现的是一种去中心化的点对点电子现金，这种电子现金的发行与转账靠的是中间的比特币协议。与传统货币系统对比来看，比特币协议的角色相当于如下两种金融机构的组合：中央银行（发行货币）与商业银行（处理转账）。底层的分布式账本和去中心网络则相当于金融的 IT 基础设施。

比特币系统的三层命名（应用层、应用协议层、通用协议层）源自知名区块链研究者梅兰妮·斯旺（Melainie Swan）。她还提出了一种被广泛引述的阶段划分：区块链 1.0 是货币，区块链 2.0 是合约，区块链 3.0 是应用。这也是本书借鉴与改进的区块链阶段划分。斯旺对比特币系统的三层命名很有价值，在区块链业界，公链或联盟链赛道的竞争，即试图开发有各种独特特性的通用协议层，建设基础设施，而各种区块链应用是在公链或联盟链上创建一个个应用协议，用协议去构建金融、电商、社交等应用生态。

我们再从技术角度细看比特币系统，比特币系统架构常被进一步细分为五层（见图 1-4）：功能层实现转账与记账；激励层实现比特币的发行与分配；共识层是分布式网络中的节点如何就账本达成一致，比特币采用的共识机制是工作量证明；数据层是比特币区块链账本的数据处理方式；网络层则是处理网络节点如何通信。需要说明的是，参考火币区块链研究院 2018 年的一份研究报告，这里将网络层作为五层结构的最下一层，而不是常见的将数据层作为最下一层。

功能层	实现转账与记账功能		
激励层	发行机制	分配机制	
共识层	工作量证明（PoW）		
数据层	区块数据 散列函数（Hash）	链式结构 梅克尔树	数字签名 非对称加密/公钥私钥
网络层	P2P网络	广播机制	验证机制

图 1-4　比特币系统架构

在设计比特币系统时，中本聪创造性地将计算机算力竞争和经济激励相结合，形成了工作量证明共识机制，用消耗掉的计算资源和对应的激励确保无须许可就能加入网络的节点能协同一致，共同运行比特币网络。在耗费资源进行计算竞争的过程中，挖矿计算机节点完成了货币发行和记账功能，也完成了对区块链账本和去中心网络的运维。

有了工作量证明共识机制，在一轮轮的循环中，比特币系统这个无须许可的自治系统安全、持久地运行下去：矿工购买通用或专用的计算机（也就是所谓矿机）参与挖矿这种算力竞争，赢家完成去中心化记账，获得比特币形式的经济激励。奖励会激励计算机节点加大投入，继续参与算力竞争。这个循环中也有隐含的惩罚，矿工在设备、电力、厂房方面进行了投入，如果因发生失误而未能获得奖励，这实际上会导致其亏损。

比特币的工作量证明共识机制是承上启下的一层，连接了上层的应用与下层的技术基础设施：在其上一层为电子现金的发行、转账、防伪；在其下一层，去中心网络的节点达成一致，更新分布式账本。

解析比特币白皮书摘要：比特币系统的设计

比特币系统是一个既简单又精妙的系统，它融合了技术和经济，是区块链所有创新的源头。在比特币白皮书《比特币：一个点对点电子现金系统》中，中本聪详细地解释了他是如何设计这个系统的。在其中，他确立了此后所有区块链系统的主要设计原则。

接下来，我们对照阅读与讨论这篇论文中的英文摘要：

A purely peer-to-peer version of electronic cash would allow online payments to be sent directly from one party to another without going through a financial institution.

一个真正的点对点电子现金应该允许从发起方直接在线支付给对方，而不需要通过一个（第三方的）金融机构。

Digital signatures provide part of the solution, but the

main benefits are lost if a trusted third party is still required to prevent double-spending.

现有的数字签名技术虽然提供了部分解决方案，但如果还需要经过一个可信第三方来防止（电子现金的）"双重支付"，那就丧失了（电子现金带来的）主要好处。

We propose a solution to the double-spending problem using a peer-o-peer network.

针对电子现金可能出现的"双重支付"问题，我们用点对点的网络技术提供了一个解决方案。

The network timestamps transactions by hashing them into an ongoing chain of hash-based proof-of-work, forming a record that cannot be changed without redoing the proof-of-work.

该网络给交易记录打上时间戳（timestamp），对交易记录进行哈希散列处理后，将其并入一个不断增长的链条中，这个链条由哈希散列处理过的工作量证明（hash-based proof-of-work）组成，如果不重新进行工作量证明，以此形成的记录将无法被改变。

The longest chain not only serves as proof of the sequence of events witnessed, but proof that it came from the largest pool of CPU power. As long as a majority of CPU power is controlled by nodes that are not cooperating to attack the network, they'll generate the longest chain and outpace attackers.

最长的链条不仅是作为被观察到的事件序列的证明，并且证明它是由最大的CPU处理能力池产生的。只要掌控多数CPU处理能力的计算机节点不（与攻击者）联合起来攻击网络本身，它们将生成最长的链，从而把攻击者甩在后面。

The network itself requires minimal structure. Messages are broadcast on a best effort basis, and nodes can leave and rejoin the network at will, accepting the longest proof-of-work chain as proof of what happened while they were gone.

这个网络本身仅需要最简单的结构，信息尽最大努力在全网广播即可。节点可以随时离开和重新加入网络，只需（在重新加入时）将最长的工作量证明链条作为在该节点离线期间发生的交易的证明即可。

威廉·穆贾雅在《商业区块链》一书中对比特币白皮书摘要进行了分析，他总结了四个要点：①点对点电子交易；②不需要金融机构作为中介；③基于密码学证据而不是中心化机构的信用；④信用存在于网络，而不是某个中心机构。

从这个摘要及比特币系统实际运行中，我们提炼出了比特币系统设计的一系列特点（见图 1-5）：比特币的区块链系统是由分布式账本（即狭义的区块链）和去中心网络（点对点网络）组成的；形成链的方式是工作量证明共识机制；最长链是由网络中的算力共同决定的，因而它是可信的，节点离开和加入依据的是最长链是可信的这一原则；比特币以区块奖励的形式增发给矿工，它的增发每四年减半。这些特点组合起来形成了比特币系统。

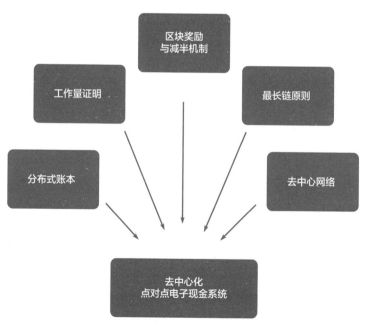

图 1-5 比特币系统设计的五个要点

1. 分布式账本

比特币的区块链是基于工作量证明形成的带时间戳、存储数据的数据块和由哈希指针连接成的链条。

这个链条或者说账本以分布式的方式存储在比特币网络的各个节点上，因而也被称为分布式账本。

2. 工作量证明

比特币网络中的节点按规则进行哈希计算，以竞争获得生成新区块的权利。节点在竞争获胜后就获得记账权，它生成区块成为最新区块后，就获得与新区块对应的挖矿奖励。

工作量证明也是区块链账本的安全机制。如果不重新进行"工作量证明"所需的大量计算，则此链不可修改，这一共识机制保证了区块链上的数据记录的可靠性。

3. 区块奖励与减半机制

比特币这种电子现金完全是由区块奖励从 0 开始发行出来的。挖出新区块的矿工获得区块奖励，最初每个区块对应的奖励是 50 枚比特币，每过 21 万个区块，区块奖励会减半。

比特币每个区块的间隔时间约为 10 分钟。在 2012 年 11 月、2016 年 7 月、2020 年 5 月，比特币区块奖励经历了三次减半。根据这些参数我们还可以绘制出比特币的供给曲线，大约

在 2140 年其新增量将降至无限接近于 0，比特币的总供给量为
2100 万枚。

4. 最长链原则

在任何时刻，最长的链条是所有人都接受的最终记录。

由于最长链是由网络中的主要算力完成的，因而只要它们不全部
与攻击者合作，那么它们生成的最长链就是可信的，这个原则被
称为"最长链原则"。

5. 去中心网络

比特币的去中心网络的架构非常简洁，本身需要的基础设施很少。
它可以在现有互联网上运行。计算机节点可以随时离开或加入这
个去中心网络，在加入时它们只需遵守最长链原则即可。

比特币要做的是一个"点对点电子现金系统"，发送方和接收方直
接交易，它们之间不需要中介机构的介入。

要去掉可信第三方等中介机构，就需要解决"双花问题"。在
摘要中，中本聪给出了点对点网络的解决方案，并介绍了这个
方案的核心——区块链。要注意的是，他并没有提到"区块链"
（blockchain）这个词，但在论文中分别提到了"区块"（block）
和"链"（chain）这两个概念。

[**专题讨论**] 说区块链时，我们在说什么

比特币系统包括三层：比特币、比特币协议、比特币区块链。用比特币系统来对照看，说区块链时，我们说的可能是什么？通常，"区块链"这个说法所指代的有四种可能性，覆盖的范围逐步变大（见图 1-6）。

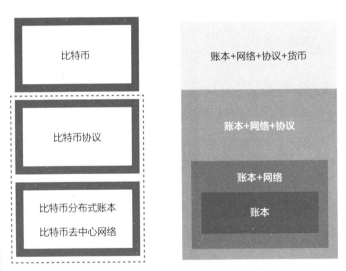

图 1-6 从比特币系统看区块链

可能性之一，区块链指的是比特币的数据结构，即由数据块（block）连接形成的链（chain），这也被称为"分布式账本"。在比特币白皮书中，中本聪分别提及了区块和链，后来它们才被组合成了"区块链"（blockchain）这个新词。

可能性之二，区块链指的是比特币的分布式账本和去中心网络的组合。对应于比特币系统，它指的是第三层，即比特币区块链。

可能性之三，区块链指的是比特币系统的第二层（比特币协议）和第三层（比特币区块链）的组合。它包括分布式账本、去中心网络和比特币协议。

可能性之四，区块链指的是整个比特币系统，包括所有三层，既包括价值表示的比特币，也包括背后支撑它的整个系统。从这个范围看，区块链被看成了一个既包括技术部分又包括经济部分的完整系统。

一般来说，大众在提及区块链时，常指的是第四种最大的范围，即"账本＋网络＋协议＋货币"。在产业中，人们提到区块链时，通常指的是第三种范围，即"账本＋网络＋协议"。而很多软件开发者在说起区块链时通常指的是第二种范围"账本＋网络"，即分布式账本加去中心网络。特别地，当区块链业界很多人说在某一公链上做了一个区块链项目（协议）时，他们的工作范围是限定在协议部分的，即仅对应着比特币系统的第二层。

现在，包括我在内的很多人都有一种看法是，将基于区块链的价值表示物都称为通证，并把比特币等某条链的原生代币（coin）视为通证的一个特定种类。如果采用"通证"说法，区块链的最大范围包括的则是"账本＋网络＋协议＋通证"。

「 **冷知识** 」加密数字货币前传：从大卫·乔姆到中本聪

加密数字货币有着非常漫长的历史，这个冷知识专栏用几个主要人物和他们的创造，来展示一个简明的加密数字货币前传。⊖

一、1983年，大卫·乔姆（David Chaum）最早提出把加密技术用在数字现金上

在物理世界中，现金可以非常简单，它需要的是防伪功能。现金可以看成是一张特别的纸条，在纸条上写上"拿到这张纸条的人可以找我领取一只羊"，然后签上自己的名字、签名就是防伪措施。同时，当我把纸条拿给你，纸条到你手中，我就没有了。

在数字世界中，情况开始变得复杂：这张纸条和上面的签名是一个数字文件，而电子文件可以被无数次完美地复制。把这个电子文件给你之后，我还可以再把这个电子文件给第三个人，这就是所谓的双重支付问题。

大卫·乔姆提出了一个创造性的方案，解决了这个难题。他的方法采用这样的逻辑：在一张纸条上，你选择一个只有你知道的序列号，然后我在上面签名。由于我不知道这个序列

⊖ 《区块链：技术驱动金融》一书的前言《通往比特币的漫长道路》（杰里米·克拉克/文），从技术与历史的角度对加密数字货币的历史进行了详细的阐述，这里参考了他的梳理分析。

号，因此我没法复制一份这张纸条给另一个人，这就是密码学上所谓的"盲签"（Blind Signature）。这个思路形成了"第一个真正意义上的电子货币方案"。1989 年，大卫·乔姆还创建了数字现金公司（DigiCash）来把自己的想法商业化，但未能被大规模接受。

这个方案的缺点是，它要运转起来，就必须有一个所有参与者都信任的中心化服务器来进行这些"数字纸条"的验证。

二、1997 ～ 1998 年，亚当·贝克（Adam Back）与哈希现金（HashCash）、戴伟（Wei Dai）与 B 币（B-Money）、尼克·萨博（Nick Szabo）与比特黄金（Bit Gold）、哈尔·芬尼（Hal Finney）与工作量证明

在比特币白皮书中，中本聪引用了 1997 年亚当·贝克设计的哈希现金、1998 年华裔密码学家戴伟设计的 B 币等前人的成果。2010 年，由于维基百科试图删除比特币词条，因此中本聪与他人讨论了如何修改词条描述以让维基百科接受。他建议这样写："比特币是戴伟在 1998 年在密码朋克中所提到的 B 币构想和尼克·萨博提出的比特黄金的具体实现。"他说是具体实现，是因为 B 币和比特黄金都只是停留在构想中。

这就引出了区块链领域的一个重要人物——计算机科学家与法律专家尼克·萨博。他在 1998 年提出了名为"比特黄金"的方案。在现在的区块链世界中，尼克·萨博有着更为重要的位置：

萨博是智能合约（Smart Contract）的提出者，1993 年他写出了《智能合约》论文。智能合约是区块链处理交易事务的核心方式，区块链应用通常可被看成是一系列智能合约的组合。

这一阶段的第四个重要人物是知名密码学家哈尔·芬尼，他是著名的 PGP 加密中的 "G"，是密码朋克圈中的前辈。他在 2004年推出了自己版本的采用工作量证明（PoW）机制的电子货币。在比特币开发过程中，哈尔·芬尼与中本聪有很多互动，比特币的第一笔转账就是中本聪转了 10 枚比特币给哈尔·芬尼。

他们四人的具体设想各有不同，但有一个共同点，即都是让计算机进行计算，从而"创造"电子现金，它们是比特币系统让计算机进行加密计算的工作量证明和"挖矿"的创意来源。⊖这非常重要，有了这个想法，中心化服务器才可以被去中心网络所取代，困扰数字货币的一大难题才能被解决。

三、2008 年 10 月，中本聪发布论文"比特币：一个点对点电子现金系统"

最终，中本聪将前人的创新综合起来，实现了一种在发行和交易上都去中心化的电子现金。

⊖ 再往前，这个想法可追溯到 1992 年密码学家辛西娅·德沃克（Cynthia Dwork）、莫尼·纳欧尔（Moni Naor）提出来的用于减少垃圾邮件的一个方案，对此杰里米·克拉克在《区块链：技术驱动金融》一书的前言中解释说："设想你每次发送邮件时，计算机都不得不花几秒钟解决一道数学计算题目。如果你没能附上答案，收件人的邮箱会自动忽略这封邮件。

对于前人的数字货币系统（比如乔姆的系统）为什么会失败，中本聪曾经写道："自 20 世纪 90 年代以来所有的虚拟货币公司全都失败了……我希望人们可以看到，这些系统之所以失败，显然是因为它们的中心化控制这一特性。我想，我们正在首次尝试建立一个去中心化的、非基于信任的系统。"

这里他提到了两个相关的词，一是去中心化[⊖]（decentralized），二是非基于信任（non-trust-based），现在人们常用"去信任"（trustless）这个词。去中心网络一定是非基于信任的，任何人都可以在无须许可的情况下加入这个网络，网络中的各方之间不需要信任前提，它们之间的信任是由网络运行的规则形成的。

⊖ 以太坊创始人维塔利克·布特林（Vitalik Buterin）在以太坊白皮书中也很好地概述了这段历史，他是围绕"去中心化"这个关键词展开论述的：去中心化的数字货币概念，正如财产登记这样的替代应用一样，早在几十年前就被提出来了。20 世纪八九十年代的匿名电子现金协议，大部分是以乔姆的盲签技术为基础的。这些电子现金协议提供具有高度隐私性的货币，但是这些协议都没有流行起来，因为它们都依赖于一个中心化的中介机构。1998 年，戴伟的 B 币首次引入了通过解决计算难题和去中心化共识创造货币的思想，但是该建议并未给出如何实现去中心化共识的具体方法。2005 年，芬尼引入了"可重复使用的工作量证明"概念，它同时使用 B 币的思想和亚当·贝克提出的计算困难的哈希现金难题来创造密码学货币。但是，这种概念再次迷失于理想化，因为它依赖于可信任的计算作为后端。2009 年，一个去中心化的货币第一次被中本聪实现，它通过已有公钥加密的方式来管理所有权，并用一个名为"工作量证明"的共识算法来记录谁拥有货币。

2. 比特币是如何转账的

——比特币区块链的五个技术性细节

"互联网上的商务交易，几乎都需要借助金融机构作为可信赖的第三方来处理电子支付。"比特币白皮书的第一句话描述了这一现实，中本聪试图改变它。中本聪是如何把可信第三方从比特币的交易中去掉呢？

用两个人之间的转账交易示例，我们来看看比特币系统是如何实现交易的去中介与去中心化的。假设我是甲，要把自己钱包地址中的 8 枚比特币转给你（乙），即转到你的钱包地址中去。详细讨论这一转账交易过程，我们可以看到比特币区块链是如何工作的，其中涉及的五个技术性细节为（见图 1-7）：

- 分布式账本和去中心网络。

- 未花费的交易输出（unspent transaction output，UTXO）。

- 比特币区块链的数据结构。

- 工作量证明共识机制。

- 比特币挖矿机制与代币生成机制。

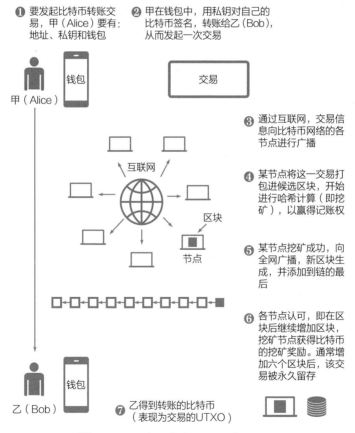

① 要发起比特币转账交易，甲（Alice）要有：地址、私钥和钱包

② 甲在钱包中，用私钥对自己的比特币签名，转账给乙（Bob），从而发起一次交易

③ 通过互联网，交易信息向比特币网络的各节点进行广播

④ 某节点将这一交易打包进候选区块，开始进行哈希计算（即挖矿），以赢得记账权

⑤ 某节点挖矿成功，向全网广播，新区块生成，并添加到链的最后

⑥ 各节点认可，即在区块后继续增加区块，挖矿节点获得比特币的挖矿奖励。通常增加六个区块后，该交易被永久留存

⑦ 乙得到转账的比特币（表现为交易的UTXO）

图 1-7 一笔比特币转账交易的过程

在沿着比特币系统所开创的路线开发各类基础公链时，开发者从各个角度调整与改进以上五个技术性细节，形成新的区块链系统。如果你希望先了解区块链全景，可以跳过这一节，稍后再回来看这些重要的技术性细节。

技术性细节之一：分布式账本和去中心网络

所有的区块链系统都包括"分布式账本"和"去中心网络"这一对必备元素。

比特币网络没有一个中心服务器，它是由众多全节点和轻节点组成的，这些节点形成一个去中心网络。其中，全节点包含所有比特币区块链的区块数据，轻节点仅包括与自己相关的区块数据。比特币网络是完全开放的，任何服务器都可以接入或者下载全部区块数据成为全节点。

所有用户持有比特币的相关记录都存放在一个分布式账本中，它可被认为同时存储在所有的全节点中。这个账本是一个不断增长的由数据块组成的链条，数据块连接而成的链条就是狭义的"区块链"。

基于分布式账本与去中心网络，比特币系统实现了去中心化的价值表示和价值转移，它与中心化在线支付系统有很大的不同。

用两个人之间的转账来对比看一下。假设你我二人要通过中心化在线支付系统支付宝进行转账，转账过程是：我们都在支付宝开设有账户（account），账户上有多少钱是支付宝账本上记录的数字，当我转账 100 元给你，支付宝在我的账户记录上减掉 100 元，在你的账户记录上增加 100 元，形成新的账本状态。到此，转账交易结束。

如图 1-8 所示，中心化在线支付系统维护一个中心化的账本。用户在账本上开设账户，通过账户名、密码与之交互。

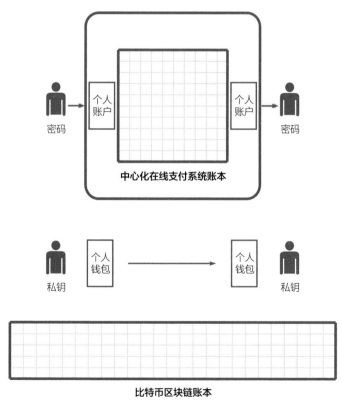

图 1-8　中心化在线支付系统 vs. 比特币系统

对比而言，比特币系统使用的是一个分布式账本，用户在其中也开设"账户"，但严格地说是地址（address）。每个人都可以在比特币区块链上建立类似"账户"的东西，我们获得一对公钥与私钥，地址是由公钥的哈希值转换而来的，我们通过私钥与地址进行交互。

我们用区块链钱包管理地址与私钥，钱包中存储的是私钥。两个人在相互转账比特币时，可以通过各自的钱包软件直接进行，我们用私钥签名确认转账。

在这里，比特币的去中心化体现在：不再有一个中心化机构来集中管理账本，账本存放在由众多节点组成的去中心网络中；不再有一个中心化机构来帮我们管理账户、处理交易，每个人管理自己的地址与私钥；交易由分布式账本来记录，账本的变更由众多节点按共识机制来共同确认。

有人会追问，我们地址中的比特币是记录在账本中的，那看起来还是有一个"中心"存储我们的资产。请注意，这个账本是分布式地存储在去中心网络里的，无人可以独自控制网络，因而从这个层面看，这个账本可以看成是去中心化的。

因此对比而言，中心化在线支付系统通常是由一个中心化的服务器来管理集中式账本，中心化服务器的控制者掌控着账本。而比特币系统，它背后是一个去中心网络，所有网络节点按所谓工作量证明共识机制共同维护一个分布式账本，无人可以独自掌控账本（见图 1-9）。

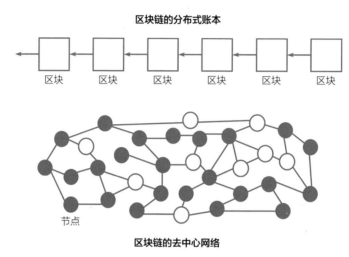

区块链的分布式账本

图 1-9　分布式账本与去中心网络

技术性细节之二：未花费的交易输出（UTXO）[⊖]

接下来的讨论比特币系统的一个关键技术性细节：UTXO。

在比特币系统中其实并不存在所谓的账户，而只有"地址"。只要你愿意，你可以在比特币区块链上设无限多个钱包地址，每个地址都有对应的私钥。你拥有的比特币总量是你所有钱包地址中的比特币之和。比特币系统并不会帮你把这些地址汇总起来形成你的账户。

⊖　更多的讨论详见本节后"冷知识"专栏的《比特币的 UTXO 》。

从我（甲）到你（乙）的一笔比特币转账，是从我的一个钱包地址转到你的一个钱包地址上去。严格地说，这个过程是把我的地址的一个 UTXO 用一个交易输出给你，成为你的地址的一个 UTXO。

我们来看一个两个人进行转账交易的过程，以深入理解 UTXO：

假设我有 8 枚比特币。这实际指的是，之前有一个交易把这些比特币转入我的地址，而这个交易的输出（即 8 枚比特币）在我的地址中、未被花费出去，因此我有这 8 枚比特币。

现在，我要发起一个新的转账交易，将这 8 枚比特币转账给你。新转账交易的输入，是让我拥有这些比特币上一个交易的输出，我把这一新转账交易的输出地址设为你的钱包地址，并用自己的私钥对新转账交易进行签名。

这样，我就发起了一个转账交易。

等矿工将这一交易打包进新的区块，转账交易完成，这 8 枚比特币就属于你了。类似地，你拥有的比特币是我向你转账的这个交易中的 UTXO。

对一个转账交易进行签名确认所涉及的比特币的公钥和私钥的非对称加密机制，我们之后再讨论。你可以先这样类比看：钱包地址相当于房间号和门锁，私钥则相当于钥匙，一把钥匙可以打开对应房间的锁。我发起一个转账交易，相当于把自己房间的财物放入另一房间，有第二个房间钥匙的人就拥有了这个财物的所有权。

总的来说，以上两个人的转账交易过程是：我用私钥（从一个输出是我的地址的交易中）取出比特币，并用私钥对从我的地址转到你的地址的新交易进行签名。一旦交易完成，这些比特币就转到你的钱包地址中去了。你的钱包中新交易的 UTXO（即现在属于你的比特币），只有你的私钥才可以动用它。

从以上讨论我们可以看到，其实在比特币系统中并不存在比特币，只有 UTXO，每一笔比特币都源自上一个交易，是上一个交易的未花费的交易输出。

我们可以沿着这样的交易链条一直向上追溯。在源头，每一枚比特币都是通过挖矿被创造出来的，在每一笔比特币的源头是一种特殊的交易——比特币矿工因挖矿生成区块而获得奖励的币基交易（coinbase transaction）。假设我作为比特币矿工挖矿成功赢得了 25 枚比特币，那么这个特殊交易是：它的输入是 0，输出是 25 枚比特币进到矿工的钱包地址中。25 枚比特币是这个币基交易的 UTXO。

到这里我们可以看出，UTXO 和我们熟悉的银行账户有着很大的不同。为什么要采用这样的设计？对比银行账户和比特币的 UTXO，我们可以看到 UTXO 的两个优点。

第一，UTXO 设计易于确认比特币的所有权。

如果采用传统的账户设计，当我要转账 8 枚比特币时，为了避免造假，我们就需要逐一向上追溯，确认之前的每一笔交易，从而证明我的确拥有 8 枚比特币。

采用现在的 UTXO 设计，要确认我拥有 8 枚比特币，只要确认上一个交易我的确获得了它们即可。在比特币区块链中，一个区块经过 6 次确认后，其中的交易可被认为是真实无误的。因此，通常只要上一个交易是真实的，我就的确拥有这些比特币。

第二，UTXO 设计与区块链账本是完全融为一体的。

银行账本与区块链账本都是一种所有权管理系统，它的首要任务有两个：一是记录某一时刻谁拥有什么，二是通过转账交易把钱从一个人转给另一个人。银行账本的记录方式是每一刻形成一个快照，把重心放在第一个任务上；UTXO 的记录方式是把重心放在第二个任务上，然后反过来完成第一个任务，由转账交易来记录所有的所有权转移过程。转账交易累积成的区块链账本可在某一刻来确认谁拥有什么，这一刻的记录也就是区块链的状态。

现在，几乎所有的区块链都采用这一设计，每一个新区块和它之前的所有区块一起形成一个新的状态，如此重复地持续下去。在经过一定区块数量的确认之后，之前记录的所有状态就不可篡改了。

以太坊是对比特币区块链的改进，在以太坊白皮书中，以太坊创始人维塔利克分析了比特币系统的设计，他称比特币账本可以被认为是一个状态转换系统$^{\ominus}$（state transition system）。以太坊也采用这种状态转换系统的设计，同时又对其进行了改进，主要是引入了智能合约，让对状态转换进行编程更方便。

技术性细节之三：比特币区块链的数据结构

让我们回到两个人的转账交易过程中，去理解比特币区块链的数据结构。

我发起一笔交易。我向整个区块链网络广播：我向你的地址中转入了一笔比特币。

只有当这笔交易被打包进最新的比特币区块中时，这笔交易才完成。当在一笔交易所在的区块之后又增加 5 个区块，即包括它自己在内一共经过 6 次确认时，这笔交易可认为被完全确认。按比特币每个区块产生的间隔时间为 10 分钟估算，一笔交易最终被确认要经过约 1 小时。

如上过程包括的步骤是：交易被打包进候选区块，每个节点可以按规则生成不同的候选区块；某个节点挖矿成功，候选区块被成功地加到区块链的尾部，成为新的正式区块。

$\ominus$ 微观地看，区块链中的每一个交易都是一个状态转换函数。以太坊白皮书就用"以太坊状态转换函数"（ethereum state transition function）来讨论在区块链中一个交易的进行过程。

那么，把一笔交易打包进区块是什么意思？要理解这一点，我们要了解区块链最基础的数据结构，这也是区块链上所记录数据不可篡改的基础。

以下讨论可能略显枯燥，但又是认识比特币与区块链的最基础的知识，我尽量以通俗的语言来为你解读。

区块链之所以被称为 blockchain，是因为它的区块（block）以链（chain）的形式存储。从第一个区块（即所谓的创世区块）开始，新增的区块不断被连到上一个区块的后面，形成一个链条。

每个区块由两部分组成：区块头部和区块数据。其中，区块头部中有一个哈希指针指向上一个区块，这个哈希指针包含前一个数据块的哈希值。哈希值可以被看成数据块的指纹，即在后一个区块的头部中均存储有上一个区块数据的指纹。那么，如果上一个区块中的数据被篡改了，那么数据和指纹就对不上号，篡改行为就被发现了。要修改一个区块中的数据，其后的每个区块都必须相应地进行修改。因此，时间越久，一个区块就越难被篡改。

一个区块中的数据是被打包进这个区块的一系列交易，这些交易按照既定的规则被打包形成特定的二叉树数据结构——梅克尔树（Merkle trees）。按目前比特币区块的大小，一个区块中能容纳的交易数量在 2000 个左右，比如在第 526 957 个区块中容纳了1804 个交易。

比特币区块链的数据结构中包括两种哈希指针，它们均是不可篡改特性的数据结构的基础：一个是形成"区块＋链"的链状数据结构，另一个是哈希指针形成的梅克尔树（见图 1-10）。链状数据结构使得对某一区块内数据的修改很容易被发现；梅克尔树的结构起类似作用，使得对二叉树型结构的任何交易数据的修改很容易被发现。

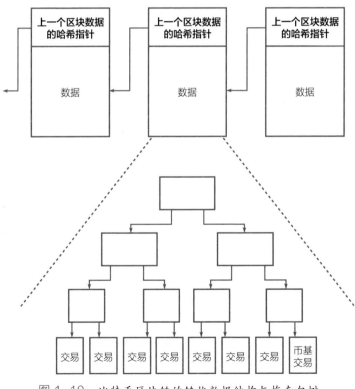

图 1-10　比特币区块链的链状数据结构与梅克尔树

技术性细节之四：工作量证明共识机制

比特币的去中心网络采用的是工作量证明共识机制。去中心网络之所以需要共识机制，是因为这是一个非基于信任的网络，任何人无须许可都可以接入这个网络。这些节点分散在网络条件差异非常大的全球互联网之中。在完全无中心的情况下，这些节点也要保持各自存储的账本数据能在共同认可的情况下添加新数据并同步一致，共识机制即为这些节点达成一致的机制。

关于分布式网络的共识机制，有著名的"Fisher-Lynch-Paterson 不可能结果"，即在一定条件下达成共识在技术上是不可能的。但是，比特币的工作量证明共识机制又在实践中被验证是有效的，这是因为它采用了一个实用主义的解决方案：技术与经济的组合。

比特币的工作量证明的特点是，它巧妙地融合了技术和经济因素，不是纯粹地试图通过技术本身来达到这一点，而是纳入了经济激励。这是比特币作为一个电子现金系统的优势，它为节点提供所谓的挖矿奖励。按《比特币：技术驱动金融》一书的分析，比特币的共识机制有两个与过去不同的特点，我们在此略做引申讨论：

第一，它引入了奖励机制。在这样一个加密数字货币应用中引入了经济激励，维护网络的节点就可以得到有价值的比特币作为奖励。

为什么比特币网络中的节点愿意打包交易、维护账本？它们并非出于"善意"，而是因为，它们能因这些挖矿行为获得比特币形式的经济激励。这是一个自行发行代币的电子现金系统的独特优势，如果所开发的是其他没有自行发行代币的 IT 系统，我们就无法方便地引入矿工挖矿奖励这样的经济激励机制。

激励挖矿节点参与挖矿的，除了与新区块相关的奖励之外，挖矿节点还可以得到区块中包含的所有交易付出的交易费。到目前为止，这个数值还较小，大概为新区块奖励的 1%。

第二，它包含了随机性的概念。比特币系统形成的共识不是完全可靠的，但是在等待了 6 个区块约 1 个小时之后，出问题的概率呈指数下降。在确认 6 个区块之后，一个交易发生双花情况的概率可被认为是零。从纯理论上看，完美的共识不可能达成。但从实用的角度看，这个共识是高度可信的。

技术性细节之五：比特币挖矿机制——代币生成机制

节点计算机在挖矿时要做两个任务。第一个任务是把比特币网络中未被确认的交易按梅克尔树组合成候选区块，未被纳入的交易往下顺延。在创建候选区块时，除了普通的交易之外，矿工还增加了一个特殊的交易——币基交易。如果它的候选区块成为正式区块即挖矿成功，币基交易会凭空转出新区块奖励比特币到矿工的钱包地址中，从而实质上将这些比特币凭空发行出来。这个特殊交易也被叫作"创币交易"，新的比特币就是在这一交易中被创造出来的。

第二个任务是真正的算力竞争，即进行加密哈希计算，解决一个计算难题。在众多争夺记账权的节点中，谁最先完成这个计算，谁打包的区块就被加到区块链的最后面，成为最新的正式区块并获得奖励。最初，成功挖出一个区块，矿工可以获得 50 个比特币的奖励，按规则，这个挖矿奖励约每四年减半一次，奖励依次变成每个区块 25 个、12.5 个，以此类推。

我们接着往深处走以进一步了解比特币的工作量证明共识机制与它的挖矿机制。

先向内看，比特币矿工挖矿是在做什么？

在候选区块的头部有一个 32 位的随机数区域，矿工需要反复调整随机数并计算，目标是让这个区块的哈希值小于一个所谓的"目标值"。如果试过所有 32 位随机数的可能性后，计算仍未成功，那么就要反复改变币基的一个随机数，进行计算，以让这个区块的哈希值小于目标值。

这里所需要进行的加密哈希函数计算（对比特币来说是 SHA-256），除了反复计算别无他法，也就是各个节点完全凭借计算能力进行竞争。这种所谓的挖矿竞争的计算量非常大，比如在

2015 年年底，在大约 2 的 68 次方（这个数字比全球总人口的平方还要大）个随机数中，只有一个可以成功。

有意思的是，这种挖矿计算是非对称性的，你挖矿需要经过 2 的 68 次方个哈希计算，而我要验证你的确找到了有效的随机数，只需要一次就可以。这种非对称性是区块链在技术上的重要特性：矿工需要消耗大量算力，检验者与使用者却不需要。

第一个完成这个计算难题的节点所打包的区块会成为正式区块。节点向全网广播告知自己已经完成计算，由其他节点确认后（即有别的挖矿节点在这个区块之后进行下一个区块的计算竞争，生成更新的区块）。在等待 6 个区块确认后，该挖矿节点就可以正式获得奖励。

我们再向外看，在加入挖矿的计算机的算力不断增加的情况下，这个挖矿机制是如何保持稳定的？

比特币挖矿的芯片已经经过几轮演变，计算能力越来越强：从 CPU 演变到 GPU（显卡），再到现场可编程门阵列（FPGA），再到现在的专用集成电路技术（ASIC）。现在矿机中的计算芯片是只能进行比特币挖矿所需的哈希计算的专用芯片。

随着矿机的升级迭代和数量增多，接入比特币区块链网络、参与挖矿竞争的算力越来越大。如图 1-11 所示，在过去 10 年间比特币算力持续上升，2018 年后增长尤为显著。

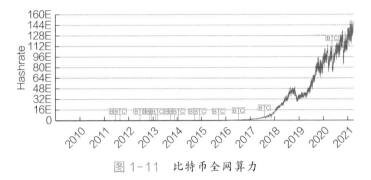

图 1-11　比特币全网算力

资料来源：https://bitinfocharts.com/comparison/bitcoin-hashrate.html，
2021 年 3 月。

为了应对这种可预见的算力增长，比特币系统有一个对应的机制
设计：随着算力的增加，定期调整目标值的难度，使得挖出一个
区块的时间始终在 10 分钟左右。

这就形成了一种动态的平衡，维持区块链网络经济激励的有效性
的同时，也维持了区块的时间间隔和系统的稳定性。这个决定难
度的公式非常简单明了，每挖出 2016 个区块，也就是经过约两
个星期，挖矿难度会进行一次调整，该公式是：

下一个难度＝上一个难度 ×2016×10 分钟 / 产生 2016 个

区块所需的时间

如果算力突然大幅度增加，产生上一组 2016 个区块所需的时间
变短，那么难度就会上升。在某些特殊情况下，如果产生上一组
2016 个区块所需的时间变长，那么难度也会下降，但并不多见。

总的来说，比特币节点计算机所做的是，它以算力参与分布式账本的确认，并以这种方式参与这一去中心网络的运维。比特币区块链是由众多节点组成的去中心网络，而这些计算机节点加入这个网络，计算分布式账本、运维网络，是因为中本聪在设计系统时巧妙地加入了经济激励。算力竞争加经济激励就是比特币区块链的工作量证明共识机制。

比特币的经济系统是以"竞争—记账—奖励"循环为核心的（见图 1-12），其中竞争指的正是节点进行的算力竞争。在比特币系统这样一个去中心网络中，节点参与记账是出于获得经济激励的自利动机，奖励是通过竞争来获得的。

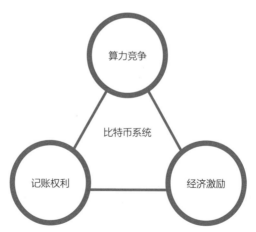

图 1-12　比特币的"竞争—记账—奖励"循环

通过以上对比特币区块链的五个技术性细节的讨论，我们再一次看到，比特币系统在发行和交易层面都实现了完全的去中心化：

- 一个转账交易的确认，即被写入分布式账本记录下来，是由去中心网络中互不信任的节点出于自己的利益、以算力进行竞争而确认下来的。账本的确认、转账交易的确认是去中心化的，是由众多节点按共识机制算法完成的。

- 在竞争挖矿的过程中，比特币系统凭空发行出比特币。比特币的发行是去中心化的，同样是由众多节点按既定算法完成的。

总的来说，比特币是"区块链 1.0"的典范，它开创性地完成了"价值表示"和"价值转移"的概念验证（见图 1-13）。比特币系统是非常精妙的设计，它无须任何人的居中协调或领导就能让所有参与者协同一致、长期发展。

图 1-13　比特币作为区块链 1.0 的典型代表，完成了"价值表示"和"价值转移"的概念验证

不过，比特币区块链是专为去中心化的电子现金设计的，而要在各个领域中广泛应用，我们需要有更通用、性能更好的区块链系统。在比特币系统之后，出现了常被认为是"区块链 2.0"代表的以太坊。现在，更多项目在竞争成为"区块链 3.0"。我们在之后两章会分别讨论它们。

在讨论之前，我们认为还应该接着围绕比特币系统做更多的探讨：区块链给互联网和数字世界带来了哪些巨变？从数字资产角度看，比特币为什么有价值？

「冷知识」比特币的 UTXO

每一个比特币其实都是 UTXO，它是比特币的最为核心的概念之一。[一]

比特币就是 UXTO

比特币的挖矿节点获得新区块的挖矿奖励，比如 12.5 枚比特币，这时它的钱包地址得到的就是一个 UTXO，即这个新区块的币基交易（也称"创币交易"）的输出。币基交易是一种特殊的交易，它没有输入，只有输出。

当甲把一笔比特币转给乙时，这个过程就是把甲的钱包地址

[一] 参考资料：《区块链：技术驱动金融》中相应的讨论，以及文章《比特币和以太坊的记账方式——UTXO 和账户余额》（黄世亮/文）。

中之前的一个UTXO，用私钥进行签名，然后发送到乙的
钱包地址。这是一个新的交易，乙得到的是这个新交易的
UTXO。

详看从甲转账给乙的过程

假设甲（Alice）向乙（Bob）转账，转账过程可以分成三个阶
段（见图1-14）。

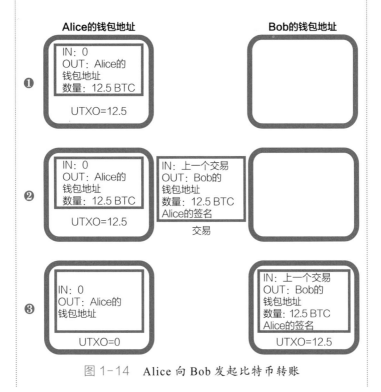

图 1-14　Alice 向 Bob 发起比特币转账

（1）假设 Alice 之前通过挖矿获得了 12.5 枚比特币，在她的钱包地址中，这些比特币是某个币基交易的 UTXO。

（2）Alice 发起一个交易，输入是自己的上一个交易，输出是 Bob 的钱包地址，数量是 12.5 枚比特币，[⊖]Alice 用自己的私钥对交易进行签名。

（3）当交易被确认后，Alice 的 UTXO 就变成了 0，而 Bob 的钱包地址中就多了一个 UTXO，数量是 12.5。

存在 Bob 的钱包地址中的这些比特币，只有用 Bob 的私钥签名才可以动用。Bob 要将这些比特币转账给其他人，则重复上述过程。

另外，初次接触比特币的人会问：我的比特币是什么样的？它们存在哪里？

如果你头脑中参照的是在物理世界中的金币，那么这里很不一样：你的比特币并不是存在家中或金库中，并不存在一个数字文件表示"你的比特币"。

⊖ 这里简化了交易过程，只讨论了将上一个交易的输出全部转账的情况。如果试图转出上一个交易输出的一部分比特币，则要进行略复杂的处理。按照比特币系统的设计，比特币交易要遵循一个原则：每一次交易的输入值都必须全部花掉，不能只花掉部分。假设我的钱包地址中有 25 枚比特币，那我发起的交易就不是转给你 8 枚比特币，然后自己的钱包地址中还剩 17 枚比特币。这时，我发起的交易是：从我的钱包地址中转 8 个比特币给你，同时转 17 枚比特币给我的同一地址。

如果你头脑中参照的是银行存款，那么你可以认为，你的比特币"存在"于一个账本上。在数字世界中，价值是账本中的"记录"。不同的是，比特币账本是由众多网络节点维护的分布式账本，而不是像银行账本那样是一家中心化机构维护的账本。任何人都可以接入比特币网络，把这个账本下载下来，但只有用你的私钥才能动用你钱包地址中的比特币。

为什么采用 UTXO 的形式

UTXO 与我们熟悉的"账户"概念差别很大。我们日常接触最多的是账户，比如我在银行开设一个账户，账户里的余额就是我的钱。在比特币网络中没有账户的概念，你可以有多个钱包地址，每个钱包地址中都有着多个 UTXO，你的钱是所有这些地址中的 UTXO 加起来的总和。

中本聪发明比特币的目标是创建一种点对点电子现金，UTXO 的设计可以看成借鉴了现金的思路：我们可以在这个口袋、那个口袋装些现金，在这个抽屉、那个保险柜放些现金。就现金而言，它没有一个账户，你放在各处的现金加起来是你所有的钱。

采用 UTXO 设计有一个技术上特别的理由——这种数据结构可以让双重花费更容易验证。对比一下：

- 如果采用账户和账户余额设计，Alice 要转账给 Bob，为了确保 Alice 的确有钱，我们需要核查她之前所有的比特币交易。随着时间的推移，比特币的交易越来越多，这个验证的难度会持续上升。

- 采用 UTXO 设计，我们只要沿着每个交易的输入逐级向上核查，直到查到这笔比特币的创币交易即可。随着时间的推移，这个核查也会变难，但变难的速度要远低于采用账户和账户余额的设计。

采用 UTXO 设计使得比特币系统作为一种电子现金系统有着非常大的可扩展性。当然，我们很快会看到，通常被认为是区块链 2.0 的以太坊没有继续采用 UTXO 设计，而是考虑到其他因素，在 UTXO 之上覆盖了一层账户余额设计，代价正是中本聪可能已经考虑到的复杂性。

3. 区块链有什么技术意义

——从信息互联网到价值互联网

"区块链，是互联网的二次革命。"

"区块链，是互联网 2.0。"

"区块链，让我们从信息互联网跨越到价值互联网。"

这是从互联网发展的视角出发，对区块链的意义做出的一些回答。

谈起区块链的前景，人们会列举它能改变金融、能源、零售、文化、社交、游戏、物联网等，但我觉得以上回答更为有力。

1994 年互联网开始商业化，经过 20 多年的发展，互联网已经彻底改变了我们周围的一切——经济、产业、生活。互联网从 1995 年前后的"信息高速公路"，变成了无处不在的力量。如果区块链是互联网 2.0，互联网曾经带来的改变正以区块链的方式再来一次。随着区块链技术的迭代和相关技术基础设施的完善，各种意想不到的区块链应用会涌现出来。

数字时代的新问题：信息传递 vs. 价值转移

之前，互联网处理的是"信息"；有了区块链之后，互联网可以处理"价值"。从 2008 年开始，酝酿了近 10 年的区块链技术开始弥补互联网一直缺失的另一半：更好地处理价值。现在我们意识到，在区块链之前的互联网应该加上前缀，称为"信息互联网"，而"价值互联网"的前景随着区块链技术迭代逐渐变得清晰。

信息互联网可以完成与信息有关的两个基础功能：信息表示与信息传递。区块链则提供了与价值有关的两个基础功能：价值表示与价值转移（见图 1-15）。

1990 年，万维网协议发明者蒂姆·伯纳斯－李写道："一旦我们通过万维网连接信息，我们就可以通过它来发现事实、创立想法、买卖物品、创建新的关系，而这一切都是通过在过往时代不可想象的速度和规模来实现的。"现在，互联网上的各种应用和服务，包括门户、视频、社交、即时通讯、电商、打车、B2B、网络支付等，都是基于信息传递的基础设施，沿着他的设想逐步发展起来的。

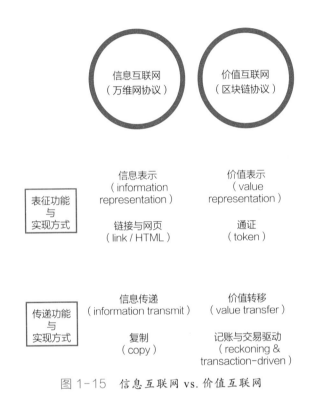

图 1-15　信息互联网 vs. 价值互联网

在区块链出现之后，对比之下我们发现，信息传递的一个关键特征是让互联网很强大，但有一个我们之前并未曾特别关注的限制：信息传递的方式是复制。这一特征使得，当需要在数字空间进行价值转移比如网络支付时，我们必须依赖"可信第三方"的协助——由它们来进行记账，比如确认我们把钱转给对方，比如确认我们获得了音乐的播放权。

每个从事交易的互联网业务都需要有价值转移的功能。各种各样的中心化平台如亚马逊、淘宝、优步、滴滴、爱彼迎存在于互联网产业之中，除了提供购物、打车、住宿等服务外，还扮演了跟价值转移有关的所谓可信第三方角色：作为信用中介处理价值的流转。特别地，为了进行在线支付，互联网产业中诞生了一系列专门的信用中介，如 PayPal、支付宝、微信支付等。

这些信用中介就在那里，我们接受了它们。几乎没有人想过如下问题：它们必须在所有的交易中出现吗？我们是否有更好的方式来进行价值转移？

直到 2008 年，当中本聪在比特币系统中开发出区块链这个底层技术，让区块链网络本身来扮演信用中介的角色时，我们发现，现在互联网中的各种信用中介并非必须存在。价值转移可以有更好的方式。

现在我们需要各种信用中介，因为到现在为止，互联网数字世界中的所有基础设施都是为信息传递而建的。未来，我们将不再需要这些信用中介。基于区块链技术，我们将可建立通过网络本身进行价值表示、价值转移的全新交易基础设施。

要看懂这种根本性的变化，我们要仔细区分信息传递和价值转移。信息和价值是完全不同的事物，信息传递和价值转移的方式也完全不同。我们来分别对比几组线下物理世界和线上数字世界的情形。

报纸 vs. 纸币：信息流动是"复制"，价值流动是"转移"

在线下物理世界，信息的典型代表是报纸，价值的典型代表是纸币。对比报纸与纸币，我们可以发现信息与价值的一些区别（见图 1-16）。

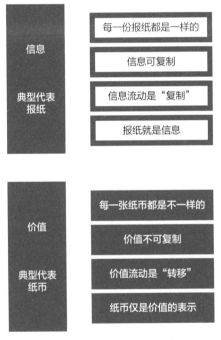

图 1-16　报纸 vs. 纸币

每一份报纸都是一样的。编辑排版完成后，印刷机复制印制报纸，报纸被送到我们的手中。对比而言，虽然纸币也是由印刷机印制的，但每一张纸币是不一样的，每一张都有唯一的序列号。

信息是可复制的，我可以复印一份报纸给你。价值不可以复制，我必须把 100 美元现金真的给你，而不能复印一份给你。

在互联网上，数字化的信息可以完美复制，这极大地加快了信息的流动。现有互联网的基础设施都是为信息传递而设计的。

相反，现有互联网的基础设施没有为价值表示与价值传递做好准备。在过去 25 年，与信息相关的产品和服务在互联网上大爆发，而与价值相关的产品相对而言要发展缓慢得多，仅在第三方支付等领域因为需求大而有较大创新，但又极度依赖如支付宝、微信支付等中心化机构。

房产 vs. 汽车：价值转移靠记账

我们要了解的一个现实是，在经济生活中，在进行纸币现金之外的其他价值转移时，我们转移价值的方式是记账。这些记账通常需要一个可信第三方作为中介。

以房产的转移为例。我们把一个房产转让给别人，买方付了钱，我们怎样把房产的价值转移给他？买方仅仅搬进这个房子住，并不能表示他已经拥有了这个房子的所有权。在古代，房屋买卖双方会签订地契，在中文中，"契"字的含义是刻画、记载，地契是所有权的记录。

到了现代社会，我们的做法是：到不动产登记中心进行登记，在政府部门管理的账本记录（不动产登记簿）上更改房屋所有权的归属，买方拿到有着自己的名字的房产本——"不动产权证书"。房产价值的所有权转移依靠的是账本记录。一个有趣的对比是，过去的地契是去中心化的，而现代的房产登记是中心化的。

类似地，我们把汽车这样的动产转让给他人，现代社会的做法是：我们要去交通管理部门进行记录的变更，买家获得新的车辆证照（如车辆行驶证）。[⊖]

信用卡 vs. 在线支付：信用中介进行中心化记账

在商店中购物，我们付纸币现金，看起来在我们和收银员之间并没有任何中介。其实银行在背后充当了中介的角色：这些现金会变成商店在银行账户上记录的数字，在现金交易背后有一个庞大的金融体系在运转。

当信用卡开始普及，现金被电子化的塑料卡片取代时，我们刷卡支付时，一种第三方中介就明确地出现在我们和收银员之间了，那就是维萨、万事达卡、银联等银行卡组织。它们做的事正是我们一直说的信用中介的两个功能，即"价值表示"与"价值转

⊖ 在大多数现代国家，房产与汽车这两种资产都是由国家相关部门来进行统一登记或者说记账的。如果仔细辨别，我们会发现其中有两种记录：一是中心化数据库中的记录，对中国的房产来说，这个记录存在于由国土资源部门集中管理的账本——"不动产登记簿"；二是产权人拿到的附属证明，即俗称的"房产证"——不动产权证书。如果房产证与集中管理的账本中的信息不一致，或者车辆行驶证的信息与交管局数据库中的信息不一致，那么通常的做法是以集中管理的账本中的记录为准。

移"：我们的钱是用它们的账本进行表示的，我们的钱就是银行账户上的数字。当我确认付钱时，它们从我们的银行账户中减去这笔金额，在商店的银行账户中加上相应的金额，从而完成钱的转移。

在互联网出现之后，当我们在线上或线下使用支付宝、微信等第三方在线支付时，在数字世界它们扮演着与维萨、万事达卡等银行卡组织类似的角色。银行卡组织和在线支付系统做的事都是进行中心化的可信记录：一方面，在账本上进行记录，确认谁拥有多少钱；另一方面，通过个人授权的交易来将钱从一方转到另一方。这也是各种所有权管理系统要完成的两项任务。

互联网缺失的一环：如何更好地处理价值流转

一直以来，我们缺少一种完全适应数字世界的技术系统来完成以上两项任务，不得不仰赖可信第三方作为中介。直到比特币与区块链出现，变化才真正发生。我们看到，区块链是完美适应数字世界的所有权管理系统，它弥补了互联网缺失的一环。

信息传递的主要方式是复制。在互联网中不管是基础的 TCP/IP 协议，还是 WWW 协议，都是专门为信息传递设计的。数字化的信息复制可以复制出一模一样的副本，复制效率更高，互联网给信息传递带来了巨变。

价值转移的主要方式是记账。从物理世界到数字世界，价值转移的方式都是记账——用账本的记录表示价值（如谁拥有多少钱）。

每次有交易发生就会在账本上添加记录——账本记录谁拥有什么，交易触发账本的变化。

在数字世界，信息的易复制、易修改、缺乏唯一性等特征成了处理价值时的麻烦。

第一，可完美复制的数据文件和价值表示功能相冲突。如果表示价值的数据文件可以完美复制，那么我就可以把它付给你，再复制一份付给另一个人，这就会造成所谓双花问题。在数字世界，每个人可以很容易地通过"复制"制造出伪钞。我们不能简单地把物理世界中表示价值的纸币、支票等直接平移到数字世界。

第二，数据文件易被修改或篡改，也是处理价值的障碍。在传统经济生活中，纸币、支票、合同等各种表示价值的纸质凭证都需要一定程度的防篡改措施。一张纸质支票被简单涂改很容易被发现，而一个 Word 文档如果不加特别措施，则可以被轻松地改动而难被发现。

第三，缺乏唯一性，是数字世界中进行价值转移的又一障碍。进行价值转移时，我们需要的结果是：一个表示价值的物品是唯一的，给了你我就没有了，这样才可以实现所有权的转移。

在数字世界，人们解决如上问题的思路首先是延续千年的思路：用所有人认可的账本来管理所有权，由一个中心化机构及其维护的账本来对抗可复制、易修改、缺乏唯一性。在数字世界中进行价值转移时，我们仰赖某个可信第三方作为中介，负责记账。

但是，这种仰赖可信第三方的价值转移机制事实上已成为互联网下一步发展的隐形障碍。在互联网上，与信息相关的产品高速发展，成本快速降低。但是，由于需要可信第三方进行协调，与价值转移相关的事务依然处在成本高、效率低的状态。同时，互联网上的价值转移仍局限在少数价值类型上，比如网络支付、在线证券交易，以及 Q 币与游戏币等互联网积分等。

中本聪的创新：区块链成为互联网关于价值的基础协议

中本聪设计的比特币系统，为数字世界中的价值表示和价值转移这两个关于价值的关键问题提供了技术解决方案，用去中心网络与分布式账本取代了可信第三方的中介角色。细分来说，中本聪的解决方案是用区块链技术支撑适应数字世界的所有权管理系统：

- 网络取代实体。去掉了处在中间的可信第三方，用一个众人（节点）共同维护的去中心网络替代。

- 网络共同记账。去中心网络的参与者共同维护账本记录的真实可靠性，即依靠共识机制完成所有参与者认可的价值表示功能。

- 用交易实现价值转移。人与人之间发生转账交易会触发账本的变化，从而实现所有权管理系统所需的价值转移的功能。

当然同样重要的是，中本聪创造了一个在去中心网络中协调各方的经济工具，即所谓的加密数字货币。这对于比特币网络来说就是"比特币"，比特币本身的价值与价格我们将在下一节中详细讨论。在一个分散的、不存在互信前提的网络中，众多参与者是依靠加密数字货币来协调一致的。这也是人类社会数千年发展的基本逻辑：用货币、自由市场、经济激励来协同一致。

在互联网上，互惠经济是一种常被讨论的现象，比如开发者参与开源软件的开发，人们共同编撰百科全书，知识爱好者在问答社区分享知识。过去很多人认为，它们的繁荣是缘于这些互联网用户有着无私和互惠的精神，这的确是这些网络社区得以发展的重要原因。但换个角度我们也可以说，过去人们为网络社区贡献了力量，而无法获得相应的价值回报，这可能是因为，在数字世界中一直没有好的方法进行"价值表示"，更没有方便的办法进行"价值转移"。

在有了区块链及其底层的区块链技术以后，我们有了相应的技术手段。有了比特币系统这个样板和由之产生的底层技术区块链技术，互联网和数字世界中关于价值的图景开始发生变化。相应地，经济激励可以方便地被引入网络之中。

迄今为止，对数字世界的价值表示和价值转移，比特币系统都进行了完美的概念验证，并经受住了时间的考验。我们认为，比特币系统最初是一个试验性系统，是技术专家为了解决难题而开发的"技术玩具"。但从 2009 年年初开始运转，不管比特币表示的价值是很小的 1 美元，还是高达数万美元，这一系统都运转正常。通过比特币系统，我们可以在数字世界中进行点对点价值转移，无须任何信用中介介入。

当然，我们也必须承认，目前比特币系统和源自它的区块链技术刚跨过概念验证阶段。要作为投入工程应用的系统，满足亿万用户的日常使用，区块链仍存在较大的性能问题。但不管怎样，前景已经非常明确：区块链会成为数字世界中"价值表示"和"价值转移"的基础性协议（见图 1-17）。

图 1-17　区块链给互联网的协议层带来巨变

通常来说，如图 1-17 所示，互联网可以大体分成三层：

● 最上层，是普通用户看到的网站与移动 App 等应用。

● 中间层，是协议层，这一层过去主要是信息传递的 WWW 等协议。

- 最底层，是网络传输硬件和网络传输协议（如 TCP/IP）等。

WWW 协议、各种网站、App 应用都是建立在硬件网络基础上的。现在看来，区块链带来的变化不是发生在普通用户看得到的应用部分，网站和 App 可能仍将保持它们现在的模样。比特币、以太坊等各种区块链去中心网络也仍是运行在现有互联网硬件网络之上。区块链带来的变化发生在中间的协议层，区块链给互联网带来了进行价值表示和价值转移的新协议。

在《商业区块链》一书中，区块链专家威廉·穆贾雅将中间的协议层称为"信用层"（trust layer）。我认为，为了便于理解，如图 1-17 所示，将这个新协议层称为"区块链信用层协议"（Blockchain Trust Layer Protocol）甚至直接说"区块链协议"可能更直观明了。

类似于 WWW 协议，区块链协议也是由一组协议构成，在现有硬件网络之上，形成了一个协助我们进行价值表示和价值转移的新层次。这组协议目前仍未定型，还在持续发展中。（更多内容详见本节"专题讨论"专栏的《区块链：网络通信协议的价值层》。）

互联网上一次出现协议级的变化是蒂姆·伯纳斯-李发明了WWW 协议。WWW 协议将互联网塑造成我们现在所知的互联网，给经济、社会、生活带来了巨大的变革。之后到现在只发生过一些对信息传递的相关协议的修补和升级。

这一次是重大变化，互联网增加了一组全新的协议——用于价值表示和价值转移的区块链协议。自此，在数字世界中，我们可以在两个人之间直接进行价值转移，无须任何中心化信用中介的介入。如果从互联网应用的角度看，这个变化是信用中介的角色被从各种互联网应用中剥离出来，下沉为互联网更为基础性的功能，即在基础层次上，区块链担任信用中介，协助我们进行价值表示和价值转移。

从比特币系统这样一个概念验证性的系统开始，到其后的各种区块链项目，区块链技术渐渐展现出对于互联网的变革性意义：互联网在协议层有了价值表示和价值转移的功能，区块链成为互联网的价值基础协议，基于区块链可构建数字世界的交易基础设施。

巨变才刚刚开始。

我们还可以用一个微观的事物类比来看：为什么把信用中介下沉到基础层次所带来的变动是巨大的？为什么协议变化所带来的变动是巨大的？

我们把互联网看成一个平台，把信用中介看成其上的一个应用。比如，在 Facebook 或微信这样的社交网络平台上，为了满足用户的需求，第三方公司可以开发某种特定的应用。但这些公司始终要面对一个难题：如果平台做了这个功能，全面开放这种能力，自己怎么办？当平台在平台级别提供一种能力后，所带来的变化是：一方面，原来由第三方开发的应用可能没有存在的必要；另一方面，当平台把一种能力开放给所有人时，更多公司可以利用它开发新产品，甚至个人可以直接利用这种能力。当微信从 2017 年开始提供小程序功能时，应用开发变得更为方便，大量小程序应用涌现出来，大幅改变了移动互联网的应用生态。

详解区块链协议：价值表示功能、价值转移功能、价值表示物

区块链协议实现了关于价值的两个功能与一个载体：价值表示功能、价值转移功能、价值表示物。接下来，我们一一讨论。

价值表示功能：分布式账本

当从比特币系统中发现区块链技术时，人们首先看到的是，它是一个分布式账本，并将其称为分布式账本技术（distributed ledger technology，DLT）。

在人类文明的历程中，文字、货币、账本驱动了商业与经济的发展。其实，账本的主要功能并不是会计核算，而是所有权管理。我们靠账本的记录来决定这一刻谁拥有什么财产的所有权，我们也靠账本记录的变化来将财产的所有权从一个人手中转移到另一个人手中。

区块链带来的主要变化不是接着采用账本来进行价值表示，或者

对账本的数据组织方式进行创新,如创造出"三式记账法",而是改变了账本的管理方式:我们不再仰赖某个中心化机构来管理一个总账本,而由众多参与者以去中心的方式、通过共识机制共同维护一个总账本(见图 1-18)。

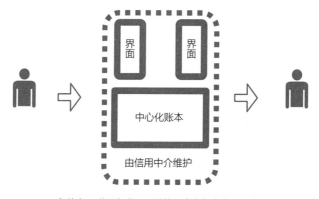

a)信息互联网方式:通过信用中介与中心化账本

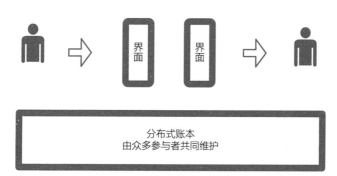

b)价值互联网方式:通过分布式账本与参与者网络

图 1-18 从中心化账本到分布式账本

迄今为止在数字世界里，我们要转移价值都需要有一个信用中介居中协调，它们进行价值所有权的记录，它们维护着一个集中管理的账本用以进行记录。在过去的数十年内，转移金钱的信用中介（如在线支付系统）越来越易用，支付宝、微信支付在线上线下都带来了很大的便利，它们也越来越智能，比如能更好地识别欺诈。但是，它们的组成结构未曾发生根本性的变化（见图 1-18a）：

- 信用中介处于交易双方之间，协助完成价值转移。它们通常提供一个供用户使用的应用界面。

- 信用中介维护着一个中心化账本，用户的金钱余额是中心化账本中记录的数字。

现在，比特币系统与区块链彻底改变了这种结构。通过各自掌握的比特币钱包软件，我们可以在个人与个人之间进行比特币转账。如图 1-18b 所示，在进行比特币转账时，不再有一个信用中介帮我们保存和维护一个集中管理的账本，处理所有权的记录。区块链的账本以分布式的方式存在于去中心网络里，由网络中的节点用共识机制共同维护。

有人会进一步追问：我们的比特币存放在哪里？这是一个有趣的问题，答案取决于你如何看比特币。

一种答案是之前讨论的，比特币是你账户中的数字。我们可以用实物金条与在银行购买的纸黄金来对比。如果我们拥有实体黄金资产，我们会拿到实物的金条、金币，将它们保存在家里的保险柜中。比特币系统模拟的是我们在银行中购买的黄金资产，也就是通常说的纸黄金。这些黄金资产背后有存放在某处的黄金作为支撑，但对普通人来说，我们并不能接触到这些实体的金条、金币，这些黄金资产只是我们账户中的记录而已。

很多人不满足于这个答案，他们接着追问：我们的比特币最终存放在哪里？

这就涉及比特币系统最为独特的设计巧思了。比特币系统中本来一枚比特币都没有，每一枚比特币都是在创建一个区块时由系统凭空发行的，记录在一个从 0 地址发送到生成这一区块的矿工地址的交易凭条里。每一枚比特币不会对应线下物理世界、线上网络世界或者链上数字世界的任何资产，它就是一个数字。

其他加密数字货币或通证的设计与比特币并不一样，而是有对应的资产或权益：以太坊区块链的以太币（ETH）可以认为其代表了这个智能合约平台的使用权，你可以用它来支付燃料费，你也可认为以太币一定意义上代表了这个平台的所有权。将比特币映射到以太坊而形成的 WBTC（Wrapped BTC），它对应的资产是比特币网络上的比特币。对于泰达公司发行的泰达币（USDT），人们相信每一枚 USDT 背后对应着存放在某个传统银行的美元资产。对于一些新兴的区块链项目，比如 Uniswap、

Compound 等，它们的通证被视为项目的治理通证，既享受平台发展的红利，也凭其参与项目的治理。比特币是最独特的一个，它占整个加密资产市场总市值 60% ~ 70% 的份额，但它没有任何对应的资产或权益。

在人们接受了比特币这种独特的存在后，他们还会冒出一个新的问题：我们如何掌控自己的"比特币"？

比特币系统与几乎所有区块链系统的设计都是：你用非对称加密的一对公钥与私钥来掌控自己数字资产的所有权，公钥通常被转换为特定格式的比特币地址。除非你自己用私钥签名，确认同意将你的一些比特币转到另一个人的地址，否则去中心网络中的节点不会变更账本。通过掌控私钥，你对自己的比特币拥有绝对的掌控权。

当提到用自己的私钥签名将比特币转到另一人的地址时，我们其实已经开始讨论区块链协议实现的关于价值的第二个功能：价值转移。

价值转移功能：转账交易

一个区块链网络所实现的是一个"所有权管理系统"。在前面我们已多次提及这一说法，把区块链看成一个"所有权管理系统"，这是丹尼尔·德雷舍在《区块链基础知识 25 讲》一书中首先提出来的。

如果一个所有权管理系统只实现了记录"谁拥有什么",那么它有用但意义不大。更重要的是,一个在日常经济生活中可用的所有权管理系统,应当让所有权能方便地从一个人转移到另一个人,它才是"活"的。很多人关注比特币系统如何实现产权机制,关注什么样的算法机制能够确保账本的可信度,而在我看来,比特币系统实现价值转移的方式同样精妙,从应用角度讲也更为重要。

在上一节,我们讨论了比特币转账的全过程,这里关注转账交易本身。在区块链技术系统中,转账交易是最基础的构件(见图 1-19)。形象地说,如果一个个区块链网络是摩天大厦,那么转账交易就是建造这些大厦的一块块砖。

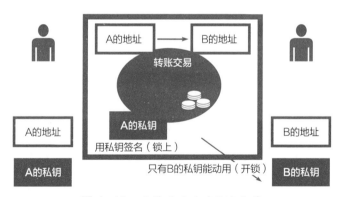

图 1-19　比特币系统的转账交易

如前所述,比特币系统这个所有权管理系统是通过地址与私钥来让每个人掌控自己财产的所有权的:

- 通过一对地址与私钥，你（A）可以完全掌控自己的比特币。

- 他人（B）也有自己的地址与私钥，有了地址，他就可以接受你转来的比特币。

当你要将自己的比特币转给其他人时，你需进行如下的操作：

- 发起一个转账交易，从你（A）的地址到他人（B）的地址；

- 对这个转账交易，你用私钥进行签名，这表明你认可这个交易；

- 你向比特币区块链网络广播这个经签名的交易。

各节点按共识机制算法将其打包存放进接下来的比特币区块链的一个新区块中，确认这个交易，这些比特币就属于 B 了。之后，仅有 B 可以用他的私钥来打开、动用这些比特币。

几乎所有的区块链都沿用这样的设计：由公钥、私钥掌控资产的所有权；由经私钥签名的转账交易进行所有权的转移；每个区块中存储的是经众节点用共识机制算法确认过的交易记录凭证。

用技术语言说，区块链的系统是一个所谓的"状态机"（state machine），它以可信的方式记录"谁拥有什么"的所有权信息。当一个用户用私钥签名后发起一个转账交易时，他给这个状态机一个刺激，促使它改变全局状态，演进到下一个状态。每个全局状态就是所有人在这一刻的所有权情况，即"谁拥有什么"的信息。区块链网络中的节点按照该网络的共识机制算法（如工作量证明、权益证明、委托权益证明等）来确认这个转账交易是否被接受。

在以太坊白皮书中，以太坊创始人维塔利克·布特林用一张图阐述了他的理解（见图 1-20）：比特币是一个"状态转换系统"。比特币区块链是一个状态机，由交易驱动其状态发生变化。维塔利克在这之上所做的进一步的创新是，他为这个状态机增加了更易编程的部件（以太坊虚拟机与智能合约编程语言），让用户可以发起比转账交易复杂得多的交易。我们将在第二章"区块链 2.0：以太坊、智能合约与通证"中详细讨论以太坊。

图 1-20 区块链是由转账交易驱动的状态机

资料来源：以太坊白皮书。

价值表示物：代表价值的凭证

我们已经知道，比特币系统等各种区块链网络都是所有权管理系统。那么，在这些系统中，你拿到的表示所有权的凭证是什么？

区块链所生成的所有权凭证有很多名字：最初它被称为"加密数

字货币"，后来又被细分为代币（coin，指一条链的原生资产）与通证（Token，指由链上的智能合约生成的资产）。

近年来，日本、英国等国的监管部门称为它们是"加密资产"（crypto asset）。我认为这是较为准确的定义，它们是由区块链上的计算机密码学技术创建的数字资产凭证。

近年来，业界逐渐把区块链上的各类所有权凭证或价值表示物均称为 Token（或中文的"通证"）。⊖

要更好地理解通证，我们还是从比特币说起。通常，比特币被称为"加密数字货币"，它其实是一种数字商品。作为技术极客，中本聪解决了一个技术难题：如何在数字世界中表示价值。他的解决方案侧重于技术本身，而并没有考虑"比特币是不是有内在价值"，也没有考虑"人们会不会普遍接受它"。比特币的价格以及谁接受它，受到很多偶然因素的影响。现在看来，比特币是一种非常独特的价值表示物，背后没有任何物理世界或数字世界中的对应价值作为支撑的数字商品。⊜

⊖ 你可能注意到了，我们始终在用"通证"的说法，而没有用很多人常用的中文词"代币"。"代币"说法和"币"这个字，常让人们过度关注通证的货币特性。我赞同通证经济专家孟岩与中关村区块链产业联盟发起人元道等提出的中文释义：Token，可称为"通证"，指"可流通的加密数字权益证明"。

⊜ 有人认为，比特币在挖矿上耗费了能源，这些能源的价值就转化成了比特币的内在价值，这种观点是错误的。比特币系统更类似于创造了一种优秀的防伪技术，印制一些类似"艺术品"的东西，这些"艺术品"后来值多少钱，与制作它耗费多少资金通常是不相关的。

随着对比特币关注度提升，更多人试图进一步改进比特币、比特币系统和它底层的区块链技术。

2013年年底，以太坊创始人维塔利克首次发布以太坊白皮书，他准备开发一个新的区块链项目，在前人所尝试的路上继续改进和发展。他对到那时为止的比特币的改进做了如下梳理，他写道，常被提及的应用包括：①使用链上数字资产来代表定制货币和金融工具（染色币，Colored Coins）；②某种基础物理设备的所有权（智能资产，Smart Property）；③如域名一样的不可互换的资产（域名币，Namecoin）；④复杂的应用来直接控制转移数字资产，如采用事先制定的规则（智能合约，Smart Contracts）；⑤基于区块链的去中心化自治组织（DAO）。

现在再回顾，从比特币开始的区块链的开发和应用有以下四条主要路径。

（1）从比特币延展的各种替代币（altcoin），比如莱特币、狗狗币等。通常，它们只是对比特币代码库的参数进行小修改，用这些程序代码另外运行起来自己的一个网络。它们通常和比特币系统一样包括三个部分：加密数字货币、分布式账本、去中心网络。在中文中，替代币也常被称为"竞争币""山寨币"。

（2）借鉴比特币区块链的设计，开发任何人无须许可均可接入的全新公链，典型的有Steem、以太坊、EOS、波卡（Polkadot）等。有意思的是，过去站在以比特币系统为世界中心的视角看，以太坊曾被视为替代链（altchain）。现在这个领域通常被直接称为公链，其中的"公"（public）指它们的主要特征之一是无须许可，任何人均可以接入网络。

（3）借鉴比特币区块链的设计思想，开发适合单个企业或多个企业使用的区块链开源软件，常被称为"联盟链"（Consortium Blockchain）。典型代表有：由 IBM 开发、现在由 Linux 基金会管理的超级账本项目（Hyperleger）、摩根大通开发的 Quorum 联盟链、趣链开发的 Hyperchain 联盟链、微众银行支持金链盟开发的 FISCO BCOS 联盟链等开源软件。

（4）以比特币区块链为基础，开发基于它的协议（meta-protocol，又译为元协议、外设协议），以提升性能，使其便于应用，比如钱包、侧链、跨链、支付、交易所等。现在，大量的区块链创新项目是用以太坊作为基础公链而开发的协议，它们通常有在自己生态内使用的通证。它们用通证来协调生态内参与者的行为。

除了第一类以外，其他三类都已经超越比特币最初的加密数字货币（电子现金）的想法。这表明，凭空发行的加密数字货币可能只是价值表示物的一种早期特殊形式。

一个重大变化发生在 2017 年。这一年，除了竞争币和各类公链发行的原生货币之外，以太坊的一个功能开始被广泛地使用：任何人都可以在以太坊上按 ERC20 通证标准编写智能合约，发行通证。

这些通证可以在数字世界中表示某种价值，这些价值既可以是线上的，也可以是线下的；既可以是已经存在的，也可以是设想中的。有些人甚至在没想好用它代表什么价值之前，就已经在以太坊上将其发行出来。以太坊当时创造了一种常被称为代币众筹的机制：人们可以用以太币参与众筹，换得相应的通证。

创建通证的方便、用通证获取资金的便利以及随之而来的财富效应，使得市场上通证的数量暴增，再加上 2017 年比特币和以太币的价格暴涨，这些因素综合起来引发了一场投机狂潮。2017年年底，在数字世界中代表价值的数字资产的总价值暴涨，然后在 2018 年年初又暴跌。

但不管怎样，从 2017 年年中到 2018 年年初发生的事，让区块链走出了技术极客圈，变得广为人知。更多的人开始意识到其价值，并看到区块链和在过去 20 年带来巨变的互联网有着相似的结构，即它既有技术的一面，又有经济的一面。同时，价值互联网的关键基础构件之一"通证"就此出现在所有人的面前。这里我们采纳了其最广泛的含义，把数字世界中基于区块链的各种价值表示物都称为通证。

在 2020 年 的 分 布 式 金 融 科 技（Decentralized Finance，DeFi，也被称为去中心化金融）热潮中，通证的含义被进一步拓宽。比如，我们作为参与者可为去中心交易所的交易对流动性池（Liqudity Pool）提供资金，对应地我们获得了 LP Token

（Liqudity Provider Token，流动性提供者通证）作为存入资金的凭证。又如，通过所谓的资产合成，也就是在区块链上通过超额抵押创建锚定传统证券市场指数的数字凭证，金融衍生品也可用链上的通证来表示。

在 2017 ～ 2021 年的探索中，通证也被用于表示游戏道具、艺术品、NBA 数字球星卡等，这背后是所谓的不可互换通证（non-fungile Token，NFT）。2017 年，一只谜恋猫（Cryptokitty）的价格最高可达几十万美元。2020 年，加密艺术品交易平台（如 Superrare.co、Opensea.io）开始吸引人们的注意力。

最后，通过与信息传递的 WWW 协议的对比，我们可以进一步理解区块链的两个功能与一个表示物（见图 1-21）。WWW 协议包括三个部分：超文本标记语言（HTML）、超文本传输协议（HTTP）、指定文档网络地址的统一资源定位符（URL）。大体上，区块链信用层协议进行记录的价值表示功能可类比为 URL，进行价值转移的功能可类比为 HTTP，而区块链上的价值表示物（通证）可看成 HTML。

通过对比我们可以看出，HTML 和 Token 分别是信息互联网与价值互联网的用户直接看到的那一基础构件：

- HTML，信息互联网的信息表示物；

- Token，价值互联网的价值表示物。

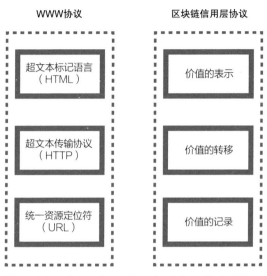

图 1-21 对比 WWW 协议与区块链信用层协议

现在,在数字世界中,类似于 HTML 角色的代表价值的通证已经准备好了。"怎么用通证,通证有什么用"等问题在等待着创造性的回答。我们认为,在价值互联网中,基于区块链信用层协议,我们可以构建各种通证经济——由通证赋能的社区经济生态。

「**专题讨论**」区块链:网络通信协议的价值层

网络硬件、操作系统在进行通信时要遵守一些规则,这些规则被称为协议。网络通信用的协议是所谓 TCP/IP 协议族。通常认为,TCP/IP 协议族包括四层:应用层、传输层、网络层、链路层(见图 1-22)。

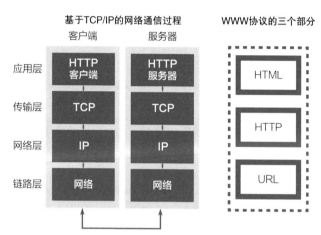

图 1-22　网络通信协议的四层与 WWW 协议

注：改编自《图解 HTTP》，上野宣 / 著。

TCP/IP 协议族包括一组协议：TCP 和 IP 两种基础协议、邮件传输的 SMTP 协议、超文本传输协议 HTTP、HTTPS，域名系统 DNS 等。

在之前的讨论中，为简化起见，我们把信息在应用方面的相关协议称为 WWW 协议。如图 1-22 所示，在讨论信息传输时，我们常说的是 HTTP 协议，它位于通信协议的应用层。要注意，这里的应用层与讨论互联网应用时的"应用"是有区别的，指的并不是网站与 App 等。

如果从网络通信的应用层、传输层、网络层、链路层的分层逻辑上看，我们可以这么看：认为区块链是从原应用层分离出来形成的一个价值层（见图1-23）。当然，对网络通信协议的分层，在短期内还难以形成一致的修订意见。这里为了便于理解，我们试图绘制如图1-23所示的图示，在应用层、传输层、网络层、链路层四个层次上抽象出一个价值层。

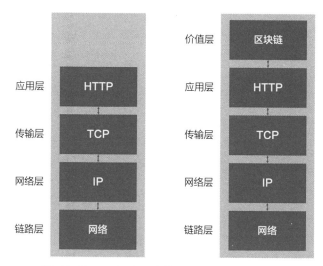

图1-23　网络通信的第五个层次"价值层"：
价值表示与价值转移

在信息传输时，原来的四个层次组合在一起很好地工作。但要在数字世界中表示价值、转移价值，互联网在基础协议层次并没有提供支持，我们需要在网站、App中做很多工作。我们通常需要一个中心化机构来扮演可信第三方的角色，帮我们管理记录价值的账本，协助我们进行价值转移。

现在，正如比特币系统和其他区块链系统所展示的，区块链同时提供了关于价值的两个重要功能：价值表示和价值转移。

有了区块链后，我们不再需要可信第三方来协助进行价值表示和价值转移，用户可以通过区块链直接进行点对点的价值交易。因此，我们可以认为，区块链对数字世界中与价值相关的应用功能进行了抽象，从原应用层独立出来，形成了网络通信的第五个层次——价值层。

也有人认为，区块链给互联网带来的是与信用相关的功能，它扮演的角色是过去可信第三方的角色，这个新的层次可称为"可信层"。但我们认为，区块链的主要特性不只是可信，而是可信地处理价值表示、价值转移，价值层是更贴切的说法。

以上都是尝试性的提议，供大家进一步探讨。

4. 比特币为什么有价值
——从数字资产视角看比特币

2021年年初，比特币价格超过每枚5万美元，也许用不了多久，比特币的流通总市值将超过1万亿美元，未来可能超过黄金的流通总市值。在两年多前写本书的第一版时，我有意避开了比特币的价格与价值这一话题，我不想让它们干扰我们对区块链技术本身的关注。比特币价格的走高，可表明区块链技术是安全性非常高的价值传输网络，它能够承载大规模的价值存储与价值转移。

现在我感到，再回避比特币的价格与价值话题就有点不合时宜了。一系列标志性事件表明，比特币及各种加密资产变成了被严肃对待的投资标的。例如，华尔街机构（如灰度资本）开发比特币相关的金融信托产品，大型公司（如微策略与特斯拉）将公司现金投资于比特币。科技公司（如 PayPal 等）为全球用户推出购买比特币业务，维萨开始允许银行卡客户采用 USDC 进行结算。

2021 年年初，区块链交易平台 Coinbase 在纳斯达克私人市场（NPM）上的价格达到 770 亿美元，并在之后完成在纳斯达克的正式挂牌，市值超过纽约证券交易所母公司洲际交易所集团（ICE）。值得关注的是，微策略公司与特斯拉公司投资几十亿美元购买比特币作为公司储备，都是通过 Coinbase 在公开市场上完成购买的。很多普通人至今的认识是，比特币的高价是一种"有价无市"的炒作。实际上，特斯拉 10 亿美元的买盘在当时基本没有对市场价格形成影响，而现有市场也能很容易地消化几十亿美元的卖盘。

在这样的大背景下，仍只聚焦于区块链技术而闭口不谈比特币的价格与价值就有点不合适了。那样做就相当于，我们潜心研究茅台酒厂的酿酒技术，而不关注贵州茅台酒是否好喝，更不关注贵州茅台股票在过去 20 年的成长。区块链是源自比特币的底层技术，但我们也必须严肃地讨论已经存在的现实：比特币是整个区块链技术最为成功的应用，比特币已经成长为这个世界上最主要的资产之一，位于美元、黄金、大型公司股权之列。

在现在近 1.6 万亿美元总市值的加密资产市场中，比特币市值的占比相比早期的 80% 有所下降，但仍以 9700 亿美元占比 60% 以上（见图 1-24）。

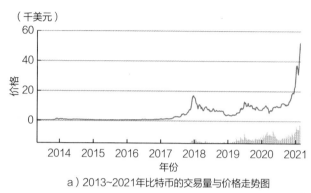

a）2013~2021年比特币的交易量与价格走势图

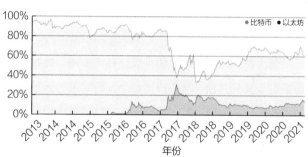

b）2013~2021年比特币市值在加密货币市场总市值中的占比

图1-24 比特币的价格与市场份额

资料来源：coinmarketcap.com，2021-2-18.

关于比特币价格的三种叙事

关于比特币的价格，通常有三种叙事：从几乎无价值到增长千倍，这是投资的故事；比特币价格在过去十多年涨与跌大幅波动，这是投机的故事；比特币毫无价值，它类似于金融史上"郁金香泡沫"或"庞氏骗局"，这是欺骗的故事。

按诺贝尔经济学奖得主罗伯特·希勒在《叙事经济学》中的定义，"经济叙事指的是有可能改变人们经济决策的传播性故事"。在该书中，他还专门撰写一章讨论比特币叙事："比特币的故事就是一个成功的经济叙事实例，因为它有很强的传播力，并已在全球大部分地区带来了重大经济变化。它不仅推动了真正的创业热情，也刺激了商业信心。"我尤其喜欢他对比特币叙事的一种说法："比特币是世界经济的会员证……比特币钱包则让其拥有者成为世界公民，从某种意义上说，也使他在心理上摆脱了传统的依附感。"

让我们回到比特币的价格与价值来谈比特币叙事。比特币最早记录的价格是 1 美元兑换 1309 枚比特币，而它最为人所知的价格是 2010 年 5 月 22 日比特币换比萨确定下来的价格。

美国佛罗里达州的程序员拉兹洛·哈涅克斯（Laszlo Hanyecz）发现，他可以编写程序让电脑的 GPU（也就是显卡）来接管本来 CPU 做的计算。他在比特币挖矿的算力竞争中获得了巨大优势，挖出大量的比特币。他开始思考一个问题：如果没有人收它们，它们就一文不值。

2010 年 5 月 18 日，他在比特币论坛（Bitcoin Talk）发了一个帖子："我愿付 1 万枚比特币买两个比萨，最好是大比萨，这样我可以留一些第二天吃。"尽管在论坛上已经有零星的比特币交换，但那不过是玩家之间的游戏罢了，没人认为比特币真的可以在现实生活中换到东西。

几天后，一个身在英国名叫 Jercos 的论坛用户响应了这个帖子，参与了比特币历史上一次主要的社会实验。他在拉兹洛所在城市的棒约翰比萨店订了两个比萨，在网上用信用卡付了 25 美元，拉兹洛则向 Jercos 的比特币钱包转了 1 万枚比特币。不久之后，棒约翰的送货员把两个比萨送到拉兹洛的家门口："新鲜的比萨，来自伦敦。"

按当时网上论坛里比特币交换的价格，1 万枚比特币价值大约 41 美元，这次交换的价格比论坛里的价格略低。但这次交换至关重要，这是比特币第一次在物理世界中"购买"（或交换）到有用的东西。

随着比特币价格的持续上涨，拉兹洛越来越成为不可超越的"吃货"，按照 2021 年 2 月每枚比特币 5 万美元的价格，他一顿饭吃掉了 5 亿美元。当时，拉兹洛用显卡轻松地挖了不少比特币，但全部换比萨吃了，一共四五次共花掉 4 万枚比特币。

在此后的 10 年，人们看到比特币价格突破一个个整数关口：

- 2013 年 12 月，比特币价格突破 1000 美元。

- 2017 年 1 月，比特币价格再次突破 1000 美元。

- 2017 年 10 月，比特币价格突破 5000 美元。

- 2017 年 11 月，比特币价格突破 1 万美元。

- 2017 年 12 月，比特币价格突破 2 万美元。

- 2021 年 1 月，比特币价格突破 3 万美元。

- 2021 年 2 月，比特币价格突破 5 万美元。

- 2021 年 4 月，比特币价格突破 6 万美元。

如果现在看比特币的价格走势图，我们看到的大体上就是这样一个一直上涨的曲线，虽然有一定的涨跌幅，但较为平滑。其实，这是被后期的高点拉平的曲线。如果细看一些特定时间段，我们看到的将是截然不同的图景（见图 1-25）：比特币的价格在过去 10 年间经历了多次暴涨暴跌，多次跌幅达到前期高点的 80%。2020 年 3 月 12 日，在新冠疫情对全球经济的冲击之下，传统金融市场发生暴跌，比特币价格在这一天也大幅下跌，当天下跌就达 38%。

对于比特币，始终有坚定的怀疑者。这是因为，没人知道比特币究竟有什么用途。宝石或黄金至少还可以做首饰，存在于区块链账本上的比特币能有什么用呢？

比特币经常被与郁金香联系在一起。1636 年秋冬，在郁金香被引入荷兰近百年之后，郁金香的价格开始呈指数级上涨。在冬季，人们买卖的并不是美丽的郁金香花，而是处在休眠状态的郁金香球茎。在这个季节，郁金香是以期货的形式交易的，一天转手可能多达 10 次，其实球茎仍在花田中并没有动过。次年春天，球茎即将开花（也就是郁金香期货合约要实际交割）时，价格发生了暴跌。

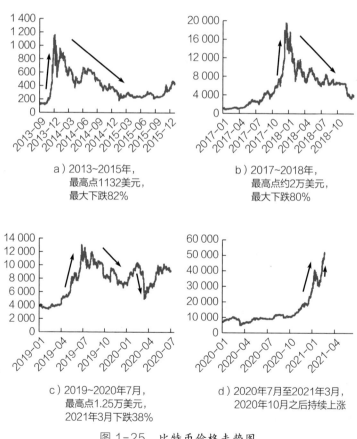

a）2013~2015年，
最高点1132美元，
最大下跌82%

b）2017~2018年，
最高点约2万美元，
最大下跌80%

c）2019~2020年7月，
最高点1.25万美元，
2021年3月下跌38%

d）2020年7月至2021年3月，
2020年10月之后持续上涨

图 1-25 比特币价格走势图

在这个著名的"郁金香泡沫"事件中，很多经验不足的普通人加入狂欢中，损失了不少金钱，而精明或者说狡猾的商人却早早退出，用所得利润购买了阿姆斯特丹的豪宅或东印度公司的股票。

的确，在比特币每次暴涨及随后暴跌的过程中，你可以看到郁金香球茎的影子。可是，如果放在长周期中来看，郁金香泡沫的类比似乎又不那么有说服力了。比特币价格的上涨更像过去几十年我们曾经历过的一些资产泡沫事件。

在《疯狂、惊恐和崩溃：金融危机史》一书中，查尔斯·P.金德尔伯格等人列举了十大资产泡沫事件：1636年的荷兰郁金香球茎泡沫；1720年英国南海公司股票泡沫；1720年法国密西西比公司股票泡沫；1985～1989年日本资产泡沫；2002～2007年美国等国房价泡沫及之后的全球金融风暴。他们得出一个结论："无论何时，资产泡沫都是一种信贷扩张现象。"通俗地说，信贷扩张就是钱印得太多了。

有人用这种理论解释比特币在2020～2021年的暴涨，美联储为应对新冠肺炎疫情危机的印钞大放水导致了包括比特币在内的资产价格上涨。现在证券市场科技股龙头的价格暴涨、加密货币市场比特币的价格暴涨是不是泡沫呢？在未来几年会造成什么样的后果？无人能够准确预测。

关于比特币价格的三种叙事——投资的故事、投机的故事、泡沫的故事，哪个会是最后获胜的答案？要做出判断，我们就需要仔细研讨：比特币是什么？它的价值来源是什么？

比特币是什么

按中本聪在比特币白皮书中的说法，比特币是一种"点对点电子现金"。现在，"加密数字货币"这个常用说法仍体现着试图将比特币理解为货币的看法。在《货币未来》[⊖]（*The Bitcoin Standard*）一书中，赛费迪安·阿莫斯在书的开头写道："比特币是一种可以履行货币职能的最新技术——利用数字时代的新技术解决人类社会亘古存在的老问题：如何让经济价值跨越时间和空间流动。"他讨论了原始货币（如牲畜、贝壳、玻璃珠）、货币金属（如黄金、白银）、政府货币（主要是现代的法定货币），雄辩地论述了比特币可以更好地承担货币媒介的角色。

在比特币和众多替代币盛行的时期，很多人的确期待比特币成为新的全球货币。他们开展了将比特币用于店铺支付、比特币 ATM 机等各种尝试，过去几年还出现了将比特币用于支付的闪电网络技术。但在某个时刻，有些人逐渐意识到，即便不考虑各国政府和传统金融力量的抵制，由于现代人已经习惯了现有货币（如美元、欧元、日元、人民币等）完成货币三个职能（交易中介、价值存储、记账单位），在全球范围或一国范围内比特币在三个职能方面全面超越与取代现有货币的可能性非常小。

⊖ 该书已由机械工业出版社 2020 年 8 月出版。

在《加密资产：数字资产创新投资指南》一书中，华尔街买方分析师、曾任职于因投资前沿科技而大热的 ARK 投资管理公司的克里斯·伯尼斯克则将比特币视为类似于石油、小麦、铜等大宗交易商品，他在书中写道："我们不会将加密资产归为货币，实际上加密资产大多数是提供原始数字资源的加密商品（crypto-commodities）或是提供已完成的数字产品和服务的加密通证（crypto-tokens）。"

克里斯·伯尼斯克等将比特币等视为商品的解读很有说服力。当前华尔街投资机构试图将比特币等纳入自己的投资组合时，基本上采纳了将其视为大宗商品的选择。比特币作为一种相关性较小的资产，可以优化整个投资组合的回报率。关于比特币等数字商品的数字化特性，克里斯·伯尼斯克写道：商品的范围广泛，在大多数情况下，商品可以作为生产成品的原材料……然而，如果假定一种商品必须是实物，那么就忽略了经济中每一个细分领域都在发生的"从线下到线上"的转变。在日益数字化的世界中，拥有数字商品才有意义。

回顾来看，中国人民银行等五部委在 2013 年年底对比特币所做的定位是准确的，它们将比特币视为虚拟商品或数字化商品，而非货币："从性质上看，比特币是一种特定的虚拟商品，不具有与货币等同的法律地位，不能且不应作为货币在市场上流通使用。"

具有投资价值的数字化商品可能是比特币等的较为恰当的界定，

这也被多个国家的监管部门采用。2019 年年初，英国金融行为监管局（FCA）发布《加密资产指引》，在这个指南性文件中，比特币被视为加密资产（crypto asset）。2019 年年中，日本《支付服务法》和《金融工具与交易法》修正案通过成为正式法案，并于 2020 年 5 月 1 日生效，在其中，比特币等不再被称为之前的"虚拟货币"，而被重命名为"加密资产"。

我理解，"加密"（crypto）这个词所反映的含义是，它采用了加密技术，确保只有持有私钥的人才能使用它。更准确地说，加密指的是用应用了计算机密码学的区块链来记录所有权、转移所有权，并确保这些所有权记录的安全性。

如果不纠结于比特币等加密商品能否作为原材料，我们会发现，赛费迪安·阿莫斯将比特币视为货币金属和克里斯·伯尼斯克将比特币视为大宗商品带我们走向同一个类比：比特币在数字世界中的角色可能类似于传统物理世界中的黄金：

- 类似于黄金在漫长的历史过程中被逐渐地接纳，从过去十来年的发展历程看，比特币的接受度在持续地扩大，这让它越来越能更好地承担当前呈现的角色——价值存储。

- 比特币有着价值尺度、时间、空间上的适销性。在价值尺度上，你可以方便地将它出售给他人，也可以从中削下一小块去出售；在空间上，它便于携带与保管；在时间上，它未来有不错的保值能力。

● 比特币有良好的存量 / 增量比。它的存量 / 增量比较大。比特币每四年减半，也就是增量减半，这会进一步提高它的存量 / 增量比（比特币的供给曲线如图 1-26 所示）。

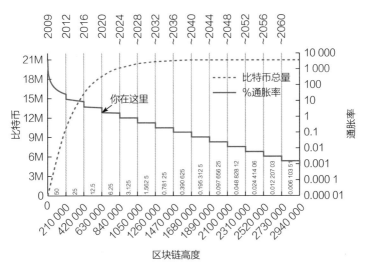

图 1-26　比特币供给曲线（或比特币通胀率）

资料来源：http://bashco.github.io/Bitcoin_Monetary_Inflation/，此图原为动态图。

注：通胀率＝每区块奖励 × 每年区块数量 / 现有比特币总量。

对比而言，在 2008 年金融危机之后、2020 年新冠疫情之后，美联储大量发行美元，美元的存量 / 增量比大幅变小，这导致的结果是：如果你持有大量美元，用美元作为价值存储的载体，你的财富实际上缩水了。

做了以上分析后，我们得出一个小小的推论：比特币不是货币，但它的确可以在一定程度上充当货币三种职能之中的"价值存储"职能。当我们从价值存储角度使用当我们使用某种价值存储媒介时，我们的行为通常是：购买它不是为了其原本用途，而是为了在现在或未来交换其他东西。这正是现在很多持有或买入比特币的人的行为方式。

比特币的价值来源是什么

有些人不会就此接受比特币，"有很多其他人认为比特币有价值，它就有价值"，这不是他们愿意接受的答案。他们会接着追问：那么，比特币的价值来源是什么？

以我们现在的认识来看，比特币的价值来源可能是如下多个方面的综合：

- 技术上的特性。比特币是完全去中心化的电子现金，是数字世界原生的。去中心化贡献了当前比特币总市值中相当大的一部分，具体分析详见本节"冷知识"专栏的《比特币实现了极致的去中心化》。

- 经济上的特性。增量相比于存量较小、且增量持续减少，存量/增量比大的资产有较好的保值效果。

- 外部注入的能量。矿工在进行比特币挖矿时，将电力等能量转换为存在于比特币生态系统的财富。

- 比特币的接受度。比特币越来越被广泛地接受，并能够方便地与各种传统货币或资产进行兑换。

- 大额结算的用途。在大额跨国结算等领域，比特币或许有一定的实际使用场景。

- 数字世界的扩张。加密世界或数字世界在持续扩张，作为龙头的比特币的价格反映了这个新疆界总价值的增长。

- 投机心理或错失恐惧（fear of missing out，FOMO）。投机既以市场交易参与确定比特币的当下公允价格，也助推其快递上涨或快速下跌。

我自己特别看重的一点是，比特币或许能够以其独特的方式推动数字世界的扩张。在为《货币未来》中文版撰写推荐序时，我借该书作者赛费迪安的话做了一番延伸探讨："货币的价值存储功能使人们考虑长远，激励个体将资源用于投资未来而不是即时消费。"

由这句话再往下延伸，我们每个人可以自然得到的推论是：数字世界如果有一种优秀的承担价值储藏的货币，那么将刺激每个人投资于未来，人们不再只是在数字世界即时消费，而可以逐渐形成赛费迪安所说的创造"资本品"（capital goods）的心智。

所谓资本品，就是未来能创造价值的物品。汽车工厂是资本品，而汽车是消费品。现在互联网不让人满意的一点，正是它只推动人们消费数字商品（资讯、视频、游戏），而没有有效的机制推动更多人创造资本品，这样的数字世界很难说是一个健康的经济社会。

在新的数字世界中，以"存量／增量比"非常高的物品（即比特币）作为货币本位，可以刺激人们去生产。在讨论黄金这样一种硬通货作为本位币时，赛费迪安说："因为黄金不能轻易增发，所以它会迫使人们把精力从生产货币转向生产更有用的商品和服务。"淘金在历史上曾经吸引很多人，但最终社会中的绝大多数人转向了生产商品与提供服务。类似地，我们也应该把注意力从比特币上移开，看到区块链带来的更广阔的未来世界。

「冷知识」比特币实现了极致的去中心化

中本聪解决了自己定义的难题——点对点电子现金。中本聪不是凭空解决"点对点电子现金"这个难题的，他只是沿着前人的足迹前进，完成了最后一跃。在比特币系统中，中本聪实现了极致的去中心化，在比特币现在的总市值中，去中心化贡献了相当大的部分。现在我们来看看他是如何实现的。

数字世界中货币的三种路径

在数字世界中，人们曾设计出各种各样的电子现金或数字现金方案，在《区块链：技术驱动金融》一书前言中，杰里米·克拉克列举了约 100 种。他写道："在通往比特币的道路上，布满了无数次失败的尝试。"在他所列的各种系统中，他认为大众所知的仅有 PayPal，其在中国对应的是支付宝与微信支付。

一直以来，数字世界中的类似货币的事物有三种路径：中心化的在线支付、中心化的计算机点数或互联网积分、去中心化的电子现金（见图1-27）。

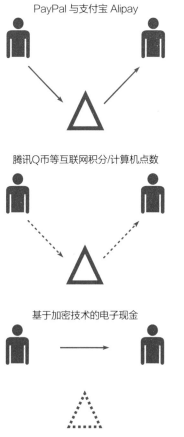

图 1-27 数字世界中"货币"的三种路径

我们常用的 PayPal、支付宝、微信支付都是中心化的在线支付，在这些支付系统中流转的是映射到数字世界的各国法定货币（也称法币）[⊖]。

法币是各国政府发行的纸币，发行者没有将货币兑现为实物（如黄金）的义务。法定货币的价值来自拥有者相信货币将来能维持其购买力，本身并无内在价值。历史上，在政府强制规定纸钞为法定货币之前，大多数流通的货币具有一定的内在价值，如金币、银两，它们又被称为商品货币（commodity money）。在布雷顿森林体系中，35 美元能兑换 1 盎司[⊖]黄金，因而当时的美元不是法币。之后，当美元与黄金脱钩后，美元就变成了法币。

中心化的互联网积分/计算机点数是指 Q 币、游戏币、航空里程等，它们还曾有一个更为大众所熟知的名字——虚拟货币。通常，它们不与物理世界的法币相对应，而是由商业公司中心化发行，仅可以在一家公司的体系中使用。

第三条路径是计算机密码学家探索多年的去中心化的电子现金。沿着前人的探索路径，中本聪最终将这条路径变成了现实。中本聪设计和开发了比特币系统，并催生了众多加密数字货币和区块链技术项目。

⊖ 法币（fiat money）是"法定货币"或"法偿币"的简称，它依靠政府的法令成为合法流通的货币。

⊖ 1 盎司 = 28.35 克。

这三条路径与物理世界中的现金的对比如图 1-28 所示。

	物理世界的现金	中心化的电子现金	中心化的计算机点数	去中心化的电子现金
发行	中心化	中心化	中心化	去中心化
交易	去中心化	中心化	中心化	去中心化

图 1-28 对比：发行与交易的去中心化

第一条路径：PayPal、支付宝、微信支付

现在，被互联网用户广泛使用的主流支付系统是 PayPal、支付宝，以及后来出现的移动支付 Square、微信等。这些第三方在线支付系统依赖于物理世界中的货币系统与金融体系，它们为用户提供支付、转账等服务界面。在使用它们时，我们所用的钱是物理世界中的法币，如美元、人民币、欧元、日元等，钱被从银行账户映射到网络支付账户。

在这些系统中流转的都是与法币一一对应的电子现金。它们

带来变化的仅仅是"账户",而非货币本身。

这些系统都是中心化的:它们自身是完全中心化的,由单一机构运转网络支付系统。它们在交易中担任中心化的中介角色,是用户间数字现金流通的中心。

第二条路径:Q币、游戏币等互联网积分或计算机点数

在互联网上,除了在线支付系统之外,还有一种过去常被称为"虚拟货币"的货币现象。

比如,用户可以用人民币购买腾讯公司的 Q 币,腾讯称之为"统计代码"。Q 币可以在腾讯的产品(如 QQ 即时通讯工具、网络游戏、音乐、文学等)中使用,兑换各种在线服务。

又如,在游戏中,用户可以付钱购买道具,也可以通过比赛赢取游戏币。这些道具和游戏币的形态与价值各不相同,在一个游戏中很难确定价格、进行兑换,在多个游戏之间更几乎不可互换。当然,游戏玩家还是可以找到办法进行交换,在一定条件下甚至还可以将它们变现换回法币。例如,曾流行的"游戏打金"就是指有些玩家专门在游戏中获得金币,然后卖出获得现金收入。

正如腾讯用"统计代码"的说法所表明的,Q 币等是中心化机构(通常是一家公司)发行与管理的互联网积分或计算机点数。它们是中心化的,其发行和交易都是中心化的。

一般来说，在不需要用户付费购买时，它们常被称为"积分"，在需要用户付费购买时，它们常被称为"点数"。但近年来出现了很有意思的混合物。在打车软件中，用户可以存入现金，例如，存100元得150元；可以介绍其他人成为打车软件的用户从而获得奖励，如介绍一个新用户双方各获得50元。在这种情况下，打车软件钱包中的余额就变成了一定程度上的点数与积分的混合物。打车软件钱包中的余额一般是不能提现的，也不能在用户之间直接转账，至多只能帮其他用户代付车费。

与物理世界相连的在线支付系统和不与物理世界相连的互联网积分/计算机点数一直是互联网中的主流。变化始于2008年比特币的出现。

第三条路径：去中心化的电子现金

以上两个主流之外，一直还有着另外一种探索：能不能创造一种完全去中心化的点对点电子现金？其中终极的设想是，在数字世界中，货币的发行和交易都不需要中心化机构的介入，由计算机自动执行。在发行时，不需要类似各国央行的中心化机构。两个人在相互转移电子现金时，也无须中心化机构的参与。

这种理想化的去中心化的电子现金几乎在每个方面都试图进行突破：

- 不映射线下的货币，而在数字世界中自行发行；

- 发行去中心化，不需要一个类似中央银行的角色；

- 像物理世界中的现金交易一样，交易无须中介介入。

这个题目很难，这缘于它的要求与数字世界中的现有技术基础设施的能力相悖。如之前讨论的，在物理世界中，表示价值的现金纸币是不能复制的。但在数字世界中，数字化文档是可以复制的，每一个复制出来的文档都一模一样。要解答去中心化电子现金这个难题，计算机密码学家需要探索，在无须中心化介入的情况下，如何通过密码学的方法，用可复制的数字文件来代表价值。

这是一个漫长的探索过程，其开端甚至比互联网商业化还早，最早可追溯到 20 世纪 80 年代。由于这种探索是基于计算机密码学技术的，因此各种去中心化电子现金也被称为加密数字货币（cryptocurrency），其中 crypto 是密码学（cryptography）的词根。

最终，在 2008 年，匿名的中本聪在密码朋克邮件列表中发布了比特币的设计。他发明的比特币系统几乎集合了第三条路径探索的所有智慧结晶，并且加入了自己的创新，最终在电子现金的发行和交易上都实现了去中心化。

比特币实现了极致的"去中心化"

对照前文图表，与现有中心化的电子现金系统（即在线支付系统）相比，比特币在所有方面与它们都是完全相反的：在线支付系统的货币发行是中心化的，比特币的发行是去中心化的；在线支付系统的货币流动是中心化的，比特币的交易是去中心化的；在线支付系统映射物理世界中的货币，比特币不映射任何现有的货币；在线支付系统本身不进行货币的增发，比特币是在数字世界中凭空发行的。

在去中心化的程度上，比特币系统做到了极致。去中心化的初级阶段是自动化（automatic），即根据人设定的规则自动运行，而去中心化的高级阶段是自治（autonomous）。比特币系统作为一个电子现金系统，达到了极致的去中心化状态（见图 1-29）：

- 作为一个货币应用，它不只交易是自治的，发行也是自治的。

- 作为一个计算机网络，它是完全去中心化的，而不仅仅是分布式网络。

- 作为一个组织，它是完全的社群自治，不需要有一个领导者居中协调。

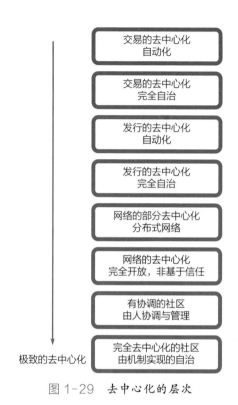

交易的去中心化
自动化

交易的去中心化
完全自治

发行的去中心化
自动化

发行的去中心化
完全自治

网络的部分去中心化
分布式网络

网络的去中心化
完全开放，非基于信任

有协调的社区
由人协调与管理

极致的去中心化　完全去中心化的社区
由机制实现的自治

图 1-29　去中心化的层次

去中心化处于区块链思维模式的最内核，而比特币实现了极致的去中心化。

比特币系统实现了很多人对于技术系统和社会系统的理想——完全自治。但值得注意的是，在发展区块链技术并开发各种应用的过程中，我们其实又不得不从最极致的理想状态往实用方向调整，比如：

- 现在多数区块链项目都是由基金会管理的。以太坊是由创始人维塔利克·布特林和以太坊基金会居中协调的，而不像比特币社区那样是完全自治的。

- 经常在金融系统中使用的联盟链，以及部分节点数量不多的基础公链，如小蚁（NEO）、EOS，更应被视为分布式网络，它们没有实现完全的去中心化。

- 通过以太坊发行基于ERC20标准的通证，其发行规则是由发行方确定的，在运行过程中会酌情更改规则。它们的发行不是完全自动或自治的。

- EOS在智能合约部分引入了李嘉图合约和社区仲裁机制，即交易部分不再是完全交给机器自动执行，在需要时人可以参与和干涉。

我们反复讨论比特币系统的设计，是因为它把最极致的情况展现在了所有人面前，理解了比特币就可以理解区块链在未来可能带来的巨变。在实践中，在将区块链技术落地应用的过程中，我们从极致的去中心化往实用主义方向调整并不是倒退，而是事物发展的必然过程。在第二章关于以太坊的讨论中，你可以通过对比看到：比特币是理想主义的系统，而以太坊是实用主义的系统。

区块链2.0

数字资产系统

通证
（Token）

智能合约
（Smart Contract）

价值互联网的基础构件

价值互联网的程序组件

2.0 区块链 2.0
以太坊、智能合约与通证

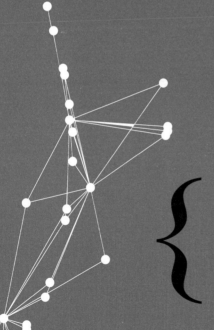

{

以太坊简史
——它为何会出现，它的功能有哪些

智能合约与通证
——用通证表示资产、实现去分布式
金融应用

区块链的四大特征
——从高处观察区块链

1. 以太坊简史

—— 它为何会出现，它的功能有哪些

通过深入了解比特币系统我们已经知道，区块链是源自比特币的底层技术，它让我们无须借助任何第三方中介就可直接进行价值表示和价值转移，它还给数字世界带来了价值表示物 —— 通证。区块链让互联网从"信息互联网"阶段跨越到"价值互联网"阶段。

但区块链技术要应用起来，还需要持续迭代升级。比特币系统堪称完美，但它的区块链技术系统是专为创建一个去中心化的点对点电子现金而设计的。在过去这些年中出现了很多对比特币系统的改进，如替代币、替代链、侧链与跨链等。曾被认为是替代链之一的以太坊，现在是对比特币系统的众多改进中被广泛接受的一个，现在它既是一个广受欢迎的区块链技术开发平台，即所谓的"世界计算机"，也是一个用于数字资产流转的所谓"全球结算层"（global settlement layer）。如果把比特币系统看成区块链 1.0 的代表，以太坊则是区块链 2.0 的典范。

过去几年，基于以太坊区块链、以太坊的智能合约和通证标准，大量的应用与通证涌现，使得以太坊变成仅次于比特币系统的热门生态。以太坊的影响甚至超越了其自身，现在热门的区块链项目要么兼容以太坊（众多公链、联盟链支持以太坊虚拟机程序运行环境），要么在很大程度上在结构上与以太坊具有相似性。

接下来，我们就来深入了解以太坊。我们从了解它的创始人维塔利克·布特林（昵称为"V 神"）开始，去理解以太坊、智能合约和通证。

"V 神"：90 后天才维塔利克·布特林

1994 年 1 月 31 日，维塔利克出生于俄罗斯，6 岁时，他跟随父母移民加拿大。他的父亲是一个计算机学家，因而维塔利克从小就接触计算机，在小学时，他被选入杰出儿童班，认识到自己对数学、编程和经济学充满了兴趣。2012 年，他赢得了国际信息学奥林匹克竞赛（IOI）的铜牌。以传统的眼光看，维塔利克就是天才少年。

在区块链世界中，维塔利克的第一个角色是作者，他写文章探讨比特币和区块链。

17 岁时，维塔利克从父亲那里听说了比特币。在论坛上认识一些人之后，他被邀请为一个比特币博客写文章，当时他写一篇文章可以得到 5 枚比特币（价值 3.5 美元）。可惜的是，由于当时只有很少的人关注比特币，这个博客网站很快关停了。

2011 年 9 月，维塔利克和网上认识的朋友一起创办了名为"比特币杂志"（Bitcoin Magazine）的网站，他是联合创始人和主要作者。2012 年年底，这个媒体还开始出版印刷版杂志，这是最早报道加密数字货币的杂志。比特币杂志后来被媒体机构 BTC Media 收购。直到 2014 年年中，维塔利克都还在为它写文章。

在区块链世界中，维塔利克很快有了第二个角色——做区块链规划与开发的程序员。

2013 年，维塔利克周游世界。在这段时间，他在世界各地与网上认识的朋友们见面，交流比特币系统和区块链编程。他曾有一段时间待在中国，他的中文也很好，常和中国网友在论坛上用中文交流。

大约在这个过程中，他形成了要做名为"以太坊"的项目的念头。最初，他认为应该为比特币开发一个脚本编程语言，让程序员更方便地在比特币区块链上开发应用。但是，他的想法无法得到比特币社区的认可。他开始想，也许自己应该开发一个带有脚本编程语言的新平台。

2013 年年底，他回到加拿大多伦多后，发布了一份白皮书形式
的论文《以太坊：下一代智能合约和去中心化应用平台》。在其
中，他详细地分析了比特币系统的设计、优点和不足之后，提出
要建立一条新的区块链，目标是做一个去中心化应用的平台。

去中心化的想法很早就扎根在他的心中。13 岁时，维塔利克沉迷
于《魔兽世界》游戏不能自拔，但后来发生了一件事让他非常愤
怒。开发《魔兽世界》的暴雪公司取消了术士的"生命虹吸"技
能，他写邮件和在论坛里与暴雪的工程师沟通，尝试要求恢复这
个技能，但得到的回复都是：我们是出于游戏平衡才这么做的，
不能恢复。维塔利克认识到，游戏玩家是很弱势的，像暴雪这样
的游戏开发商是中心，它说了算。

后来，在为《商业区块链》一书写的序言中，维塔利克把自己和
以太坊所处的技术浪潮统称为"去中心化科技"（decentralized
technology）。他写道："与其寄希望于与我们打交道的对方诚
实，不如建立一个能够内生包括我们想要的东西的技术系统。这
样，即使里面有些参与者是腐败的，系统本身也能保持正常运作，
得到我们想要的效果。"

维塔利克在多伦多大学上了 8 个月学，在拿到 Facebook 早期
投资人彼得·蒂尔鼓励辍学创业的 10 万元蒂尔奖学金后，他从
2014 年开始全职开发以太坊项目。从此，他开创了一段传奇。

在以太坊发展的路上，他得到了以太坊 CTO、技术专家加文·伍德（Gavin Wood）、联合创始人约瑟夫·鲁宾（Joseph Lubin）等人的支持。加文·伍德现在是 Web3 基金会创始人、波卡区块链创始人，他被认为是"以太坊是世界计算机"的提出者。约瑟夫·鲁宾则创建了区块链生态公司 ConsenSys，他近年来鼓吹以太坊的角色应该成为"全球结算层"。

从 2013 年的白皮书开始，以太坊项目经过 4 年多的发展，最终在 2017 年大爆发：基于它发行的通证数量暴增，以太坊自己的燃料货币"以太币"的价格在一年的时间里最高涨了 170 多倍，从 2017 年年初的 8 美元涨到年底的接近 1400 美元。

在区块链世界中，维塔利克自此有了第三个角色——技术领袖。

维塔利克不仅引领了以太坊系统的开发，也带动着整个区块链技术的开发和应用。在中文网络论坛中，网友对他的称呼从"V 生"变成了"V 神"。在神秘的比特币发明者中本聪完全消失于网络后，维塔利克成为区块链技术领域最重要的人物。

维塔利克很早就表现出一个技术领袖的能力与魅力。在 2016 年出版的《区块链革命》一书中，数字经济专家唐·塔普斯科特写道，若要找历史上的例子做类比的话，下面这个类比是很明显的：维塔利克之于以太坊，就如同林纳斯（Linus Torvalds）之于 Linux 系统一样。林纳斯与维塔利克的对比如图 2-1 所示。

林纳斯
（Linus Torvalds）

开源操作系统Linux
代码管理系统Git

维塔利克
（Vitalik Buterin，"V神"）

以太坊区块链系统

创建角色	设计者、核心程序员	设计者、核心程序员
参考产品	UNIX	比特币
产品时间	最早版本：1991年 1.0版：1994年	白皮书：2013年年底 第1版：2015年7月
出生日期	1969年12月28日 创始时年龄：22岁	1994年1月31日 创始时年龄：19岁
现在角色	核心程序员、生态维护者	核心程序员、生态维护者
组织角色	Linux基金会主席	以太坊基金会主席
产品意义	主要的开源操作系统	主要的区块链技术系统
理念	开源、操作系统	去中心化、去中心化自治组织

图 2-1　林纳斯与维塔利克：两位技术领袖

详解以太坊之一：智能合约与去中心化应用的平台

维塔利克是如何把以太坊逐步发展起来的？从以太坊白皮书开始，我们来看看他的最初设想和之后的历程。

在以太坊白皮书中，维塔利克分析了比特币区块链之后认为，在比特币系统的基础上开发高级应用有三种可行路径：

（1）建立一个新的区块链。

（2）在比特币区块链上使用脚本。

（3）在比特币区块链上建立元协议。

维塔利克认为，比特币系统的主要设计 UTXO 和其对应的脚本语言有缺陷，他总结认为有以下四点不足（见图 2-2）：

- 缺少图灵完备性（lack of turing-completeness）。尽管比特币的脚本语言可以支持多种计算，但是它不能支持所有的计算。

- 价值盲（value-blindness）。UTXO 脚本不能为账户的取款额度进行精细的控制。

- 缺少状态（lack of state）。UTXO 只能是已花费或者未花费状态，这意味着 UTXO 只能用于建立简单、一次性的合约。

- 区块链盲（blockchain-blindness）。UTXO 看不到区块链的数据，比如区块头部的随机数、时间戳和上一个区块数据的哈希值。

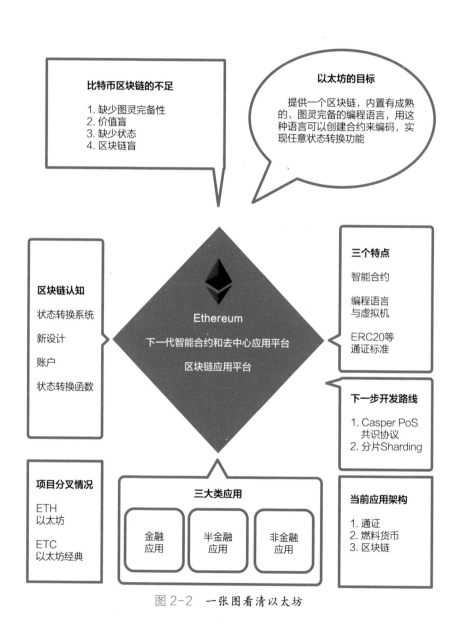

图 2-2 一张图看清以太坊

维塔利克得出了自己的结论，他认为应当开发一个"下一代智能合约和去中心化应用平台"。他把自己将要开发的系统命名为"以太坊"。他实际上综合了自己提出的开发高级应用的三个途径，建立以太坊区块链，其具有运行脚本的环境，并为开发元协议提供了名为"智能合约"的基础框架。

在白皮书摘要部分，他这样描述以太坊的目标：

以太坊的目标是提供一个区块链，内置有成熟的图灵完备的编程语言，用这种语言可以创建合约来编码，实现任意状态转换功能。

"状态转换"反映了维塔利克对比特币系统和区块链的基本假设。在他看来，比特币区块链账本记录的是所有权的状态，它的核心是一个状态转换系统。而他为以太坊设计了一个更灵活的状态转换系统，也就是我们通常说的以太坊虚拟机和其上运行的程序代码即所谓的智能合约。

具体而言，以太坊的目标描述可以细分成以下三个部分：

第一，维塔利克要创建一个新的区块链，除了账本外，还要有一个更好地支持代码运行的虚拟机环境。

第二，这个区块链支持能实现所有计算即所谓的图灵完备的脚本编程语言。所谓图灵完备，指的是这个脚本编程语言可以运行所有可能的计算，而比特币的 UTXO 模型和脚本只能运行部分计算。

第三，用户可以编程创建复杂的"智能合约"。在被触发后，智能合约让区块链进行状态转换，链上数字资产在用户间转移。

在以太坊白皮书中，维塔利克还指出，可以在以太坊区块链上开发三大类应用（见图2-2）：

- 金融应用（financial）：为用户提供更强大的方法，用他们的钱去管理和参与（各类金融相关的）合约。这些应用包括子货币、金融衍生品、对冲合约、储蓄钱包、遗嘱，甚至雇用合约。

- 半金融应用（semi-financial）：这里有钱的存在，但非金钱的方面所占比例也很重。一个好的例子是，为了解决计算问题而设的自动执行的悬赏。

- 非金融应用（non-financial）：如在线投票和去中心化治理等。

在 2020～2021 年，他设想的前两类应用开始爆发：金融应用是诸如交易、借贷、资产管理等 DeFi 应用，而半金融应用则是 2021 年出现的区块链游戏、艺术品 NFT 交易及元宇宙相关应用。

以太坊的最初设计目标是建立一个智能合约和去中心化应用平台。

以太坊提供了一个代码运行环境——以太坊虚拟机（Ethereum Virtual Machine, EVM），它支持图灵完备的编程语言（如 Solidity）。利用 Solidity，我们可以在以太坊上更方便地编写智能合约。有了这些，在以太坊区块链上，逻辑上我们就可以开发去中心化应用（decentralized application，DAPP）了。现在 DAPP 通常指利用了区块链技术的网站或移动 App（见图 2-3）。

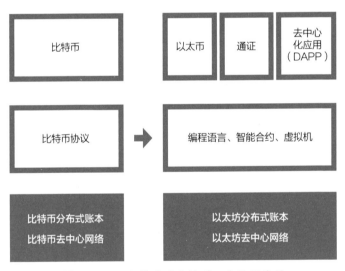

图 2-3　从比特币区块链到以太坊区块链

一般来说，以太坊的体系架构可分为六层，与比特币系统相比，它的主要变化是把合约层从共识机制中分离出来，变成一个更强大、更易使用的功能特性（见图 2-4）。

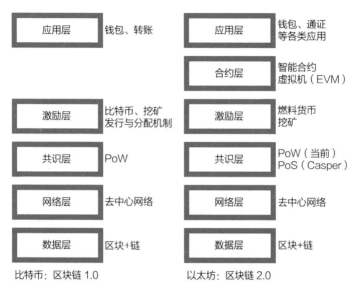

图 2-4 以太坊的体系架构

「**冷知识**」智能合约的缘起与以太坊的智能合约

尼克·萨博最早于 1994 年提出了"智能合约"。他定义道:一个智能合约是一个计算机化的交易协议,它执行一个合约的条款。[⊖]

尼克·萨博是知名的计算机科学家、法学学者与计算机密码

⊖ 交易协议中的"协议"二字指的是计算机协议。尼克·萨博的智能合约论文见:http://www.fon.hum.uva.nl/rob/Courses/InformationInSpeech/CDROM/Literature/LOTwinterschool2006/szabo.best.vwh.net/smart.contracts.html。

学研究者，他的研究重点是智能合约和数字现金。1998 年，他还曾创建中心化的数字现金比特黄金。

为什么需要智能合约

尼克·萨博说："智能合约的设计目标是，执行一般的合同条件，最大限度地减少恶意和意外的状况，最大限度地减少使用信任中介。"

他认为，我们需要一个这样的计算机协议：它能够完全保证，如果付款了，商品会被发送；或者商品寄出去了，就会收到钱。

在现实生活中，我们有很多办法来实现这一点。而计算机科学家的目标是，用事先编写的代码自动执行合约条款，无须人工干预和第三方中介。因此，智能合约中的"智能"可以理解为，按条件自动执行，是自动的甚至是自治的。

"合同"是智能合约的好类比吗

按其名字，很多人认为智能合约类似于我们在商业活动中所签订的"合同"。其实不是。智能合约贴切的形象类比，是我们在说起计算机术语"有限状态机"或"状态机"时常用的自动可乐售卖机：

（1）我们向可乐售卖机投入硬币，按一下出可乐的按钮。

（2）售卖机将一听可乐从出货口放出来。

（3）售货机恢复到最初的状态。

萨博在 1997 年的文章中说，智能合约的原始祖先是不起眼的自动售货机。

在以太坊白皮书中，维塔利克特别指出，这里的"合约"不应被理解为需要执行或遵守的东西，而应看成存在于以太坊执行环境中的"自治代理"（autonomous agents），它拥有自己的以太坊账户，它收到交易信息就相当于被"捅"了一下，它被触发去执行一段代码。

按照之前的讨论，区块链账本做的是存储众人认可的、不可篡改的记录，更准确地说是谁拥有什么的所有权状态。智能合约的作用是，用户可以从外部触发编写有复杂逻辑的智能合约程序，让它开始运转，最终使区块链账本得到变更。区块链账本存储的是"状态"，智能合约是它进行状态转换的方式。区块链账本表示每个人拥有的资产，而智能合约按预先编写的代码自动地处置资产转移事务。

以太坊的智能合约

从技术层面看，以太坊的智能合约与现实经济生活中的合同没有什么共同点。以太坊智能合约是存在区块链上，可以被触发执行的一段程序代码。这些代码实现了某种预定的规则，在被外部用户用交易触发后自动执行，完成与价值转移有关的业务逻辑。以太坊的账户与合约如图 2-5 所示。

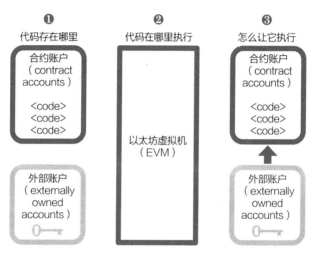

图 2-5　以太坊的账户与合约

以太坊的智能合约设计很简单明了：

（1）任何人都可以在以太坊区块链上部署智能合约，这些智能合约的代码存在于以太坊的账户中。这类存有代码的账户叫"合约账户"。对应地，由密钥控制的账户可称为"外部账户"。

（2）以太坊的智能合约程序在以太坊虚拟机（EVM）中运行。

（3）合约账户不能自己启动运行自己的智能合约，要运行一个智能合约，需要由外部账户对合约账户发起交易，触发其中的智能合约代码的执行。被触发运行的智能合约代码可以调用其他的智能合约。

详解以太坊之二：ERC20 通证标准与用智能合约管理数字资产

现在看，以太坊并没有像最初设想的那样，从比特币区块链的加密数字货币功能跨出两大步，成为应用平台。按梅兰妮·斯旺的区分，区块链 1.0 是货币，区块链 2.0 是合约，区块链 3.0 是应用。以太坊的初始目标是直接跨越到第三步，建立智能合约和去中心化应用平台。在实践中，它只跨出了一步或者说半步：以太坊区块链上最常用的功能并非去中心化应用，而是编写智能合约。

更符合实际情况的说法是，人们在以太坊区块链上编写智能合约，以管理用通证表示的数字资产。这可能是区块链这个新兴技术在应用过程中必然会发生的，一个新技术总会被先用于当前条件下最适用的领域。

为了理解通证与数字资产，我们再来对比一下比特币和以太坊。

在比特币的二次开发或应用中，最广为人知的是众多的所谓替代币，如莱特币、狗狗币等。人们简单地修改比特币开源代码的参数，用其运行起一个新的区块链网络，并创建这条链原生的替代币。

在以太坊的应用开发中，最为广泛的是编写智能合约创建符合 ERC20 标准的通证。通证虽然不是一条链的原生代币（如比特币、以太币），却有着绝大多数一条链的原生代币应该有的特性。
以太坊的通证将创建数字资产的门槛大大降低（见图2-6）。

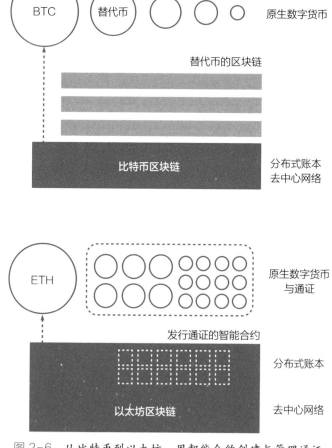

图2-6　从比特币到以太坊：用智能合约创建与管理通证

在用智能合约创建了 ERC20 标准的通证之后，开发者们为它发现的第一个主要功能是众筹。一个区块链应用项目的团队在以太坊上创建一种通证，并开发一个众筹智能合约，投资者可以与众筹智能合约交互，用自己的以太币按规则兑换项目的通证。图 2-7 是一个简明的图示，这是从 Komhar 咨询公司的一个图示重绘而来的。该图示显示了一个典型的 ERC20 通证发行过程：一个项目通过智能合约创建通证，这个通证是实体资产或线上资产的价值表示物。投资者（用户）发起交易，向众筹智能合约转入以太币，众筹智能合约自动运行，在满足一定规则后，它向投资者账户转入相应数量的通证。

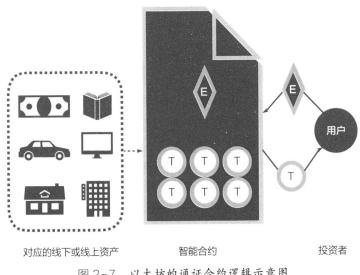

图 2-7   以太坊的通证合约逻辑示意图

要进一步了解代币众筹，我们可以回到创建以太坊的初始时刻。匿名的中本聪几乎靠一己之力设计和开发了比特币系统，规划了它的经济激励模型，然后让它在互联网上自由生长。在比特币项目中，他花费了多少开发资金，资金来源于何处，现在我们都无从了解，但合理的猜测是，总投入并不大。

当维塔利克和团队开发与运营以太坊时，它已经不太可能是一个宿舍里的作品，以太坊团队需要资金来运转。

在发布以太坊白皮书后，维塔利克吸引合伙人加入，建立了一个项目所需的商业和法律架构（一家瑞士公司以及后续的一家瑞士的非营利性基金会）。他和团队一起进行项目的设计与开发。在2014年4月，以太坊发布了由联合创始人加文·伍德撰写的技术黄皮书。

为了获得所需的资金，在2014年7～8月，以太坊进行了为期42天的在线众筹：参与者可以用比特币换取以太坊项目的"通证"——以太币（ETH）。

这个代币众筹可以看成是，面向比特币持有者进行了一次以太币的预售。在2008年前后，Kickstarter、Indiegogo等产品众筹网站开始逐渐建立，后来还出现了股权众筹等形式。以太坊的众筹可以说是互联网产品众筹方式的延续，不同的是：

- 它所筹集的不是美元等法币，而是比特币。

- 人们获得的不是明确的商品或股权，而是以太币。

参与者用比特币兑换而来的以太币有什么用、代表什么权益，当时他们还没有对此进行多少探讨。这次代币众筹是在当时非常小的比特币社区中进行的，带有强烈的理想主义色彩，整个过程很像是比特币社区的成员赞助了一个新区块链的开发。

通过这次代币众筹，以太坊获得了 31 531 枚比特币，按当时的比特币价格换算，它获得了 1843 万美元的研发资金。

2015 年 6 月 30 日，以太坊的首个版本正式上线，预挖的 7200 多万枚以太币被正式分配给众筹参与者及项目团队（见图 2-8）。在之前的众筹中，以太坊共售出 6010 万枚以太币给众筹参与者。至此，参与者用比特币参与众筹、换取以太币的过程就完成了。

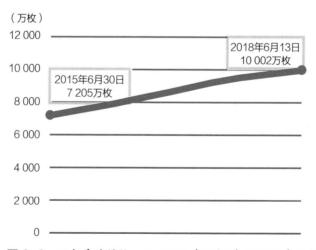

图 2-8　以太币的供给：从 7 200 多万枚到 10 000 多万枚

资料来源：https://www.etherchain.org/charts/totalEtherSupply.

由于之后比特币价格大幅波动，通过众筹获得大量比特币的以太坊项目还经历了一个插曲。由于比特币价格暴跌，而以太坊基金会没能在高点把手中的比特币换成法币，致使它用以支付各项费用的法币资金短缺，不得不大幅度削减预算。

2015 年 9 月，中国万向集团旗下的基金用 50 万美元向以太坊基金会"购买"了 41.6 万枚以太币。按 2018 年 5 月以太币处于较低点时的价格计算，这批以太币的价值超过 2 亿美元。购买二字加引号是因为，这常被认为是一次"赞助"，是对当时资金困难的以太坊基金会的公益性支持。当然，以现在以太币每枚 2000 美元的价格计算，这次赞助的回报非常丰厚。

以太坊在发展过程中有这样一次成功的代币众筹，这一思路很自然地被发扬光大。

有意思的是，与以太坊相关的另一次代币众筹是一次知名的灾难性事件，这次事件甚至导致以太坊被分叉为两条链。

2016 年 4 月 30 日，The DAO 项目在以太坊上进行代币众筹，到 5 月 28 日，该项目筹集了 1150 万枚以太币，以当时以太币的价格计算价值超过 1.5 亿美元，是当时最大金额的众筹。

但是，在 2016 年 6 月 9 日，有开发者发现 The DAO 的智能合约存在漏洞，他还在开源平台上提交了修复代码。6 月 17 日，黑客利用漏洞向一个匿名的地址转移走了项目众筹来的 360 万枚以太币，占到总数的 1/3。幸运的是，受限于 The DAO 的 28 天代码限制，要到 7 月 14 日，黑客才可以把这笔以太币转走。

围绕如何处理这个黑客攻击事件，挽回损失，以太坊社群分裂成了两个群体。如何处理这一事件对以太坊发展至关重要。当时，以太币的总量为 8000 多万枚，如果有 1150 万枚被黑客盗走，会对以太坊的生态造成巨大的影响。

在各种方案都不能奏效后，维塔利克提出了硬分叉方案（即从某个区块开始以太坊区块链不向前兼容），回滚交易记录，从而把 The DAO 众筹来的以太币夺回来，转移到一个恢复地址上，再还给参与众筹的人。

硬分叉方案在社区中获得了 85% 投票者支持，在 2016 年 7 月 21 日分叉成功，损失被挽回。但是，有部分以太坊社区成员不认同这个硬分叉，他们认为，没有人可以更改既定的规则，更不能更改已在区块链确认、记录的交易。他们仍留在最初的那条以太坊区块链上，继续开发维护原来的那条链。因此，以太坊区块链分叉成两支：一支是新的，叫以太坊（其代币叫 ETH）；另一支叫以太经典（Ethereum Classic，其代币叫 ETC）。

名为以太坊的那一条链继续发展壮大，它的 ERC20 与 ERC721 通证标准现在成为行业的事实性标准。在这里，我们简要介绍一下 ERC20 与 ERC721 两个通证标准的发起过程，对这两个通证标准的详细介绍见本节"冷知识"专栏中的《ERC20 通证标准》。

在 2015 年 11 月 19 日，以太坊的主要开发者费边·沃格尔斯特勒（Fabian Vogelsteller）向社区提议了 ERC20 标准。这是一个编写以太坊区块链智能合约发行可互换通证（fungible token）

的方案。所谓可互换通证，是指每个通证都是一模一样的，比如任何两张 100 美元的钞票价值是完全相同的，又如你持有的一家上市公司的 1 万股普通股股票和我持有的 1 万股普通股是可互换的。

另一种方案是在 2018 年 6 月正式获得以太坊社区认可的 ERC721 通证标准，它是不可互换通证。不可互换通证的参照物可以是棒球卡、邮票等收藏品等，比如我的一本专门题名给我的签名书和你的同一本书是不同的，二者不可互换。

遵循 ERC20 通证标准，我们可以在以太坊上简单地编写一个智能合约，创建表示价值的通证。虽然这些通证所表示的价值是什么仍不明确，但大量的通证被创建出来。截至 2018 年 5 月，在以太坊上有 8 万多种创建 ERC20 标准通证的智能合约。

在 2017 年，这些基于 ERC20 标准的通证的重要用途是被用于名为 ICO[⊖]的项目筹资，人们可以用以太币按照项目方设定的兑

⊖ 2017 年 9 月 4 日，中国人民银行等七部委发布公告叫停 ICO。公告指出，"近期，国内通过发行代币形式包括 ICO 进行融资的活动大量涌现，投机炒作盛行，涉嫌从事非法金融活动，严重扰乱了经济金融秩序"。公告认为，"代币发行融资是指融资主体通过代币的违规发售、流通，向投资者筹集比特币、以太币等所谓'虚拟货币'，本质上是一种未经批准、非法公开融资的行为，涉嫌非法发售代币票券、非法发行证券，以及非法集资、金融诈骗、传销等违法犯罪活动"。公告要求，"本公告发布之日起，各类代币发行融资活动应当立即停止。已完成代币发行融资的组织和个人应当做出清退等安排，合理保护投资者权益，妥善处置风险"。还有，"本公告发布之日起，任何所谓的代币融资交易平台不得从事法定货币与代币、'虚拟货币'相互之间的兑换业务，不得买卖或作为中央对手方买卖代币或'虚拟货币'，不得为代币或'虚拟货币'提供定价、信息中介等服务"。

换率来换取这些通证，而项目方获得以太币形式的资金。这些通证与项目众筹在各个国家或地区的合规是一个引起激烈争论的议题。事后看，在 2017 ~ 2018 年进行代币众筹的绝大部分通证实际上一文不值，仅有一小部分发展成实际运行的区块链应用。不过，这只是区块链与以太坊发展过程中的一个小波折，这一阶段的以太坊成功地承担了作为一种数字资产系统的功能，推动了区块链 1.0（数字现金）到区块链 2.0（数字资产）的演进（见图 2-9）。

图 2-9 以太坊及其通证系统让区块链从数字现金系统演变为数字资产系统

以太坊为数字资产系统提供了关键部件：智能合约与通证。在以太坊白皮书中，维塔利克详细地讨论了通证。他的讨论可以引导我们去思考：在区块链上，通证可以表示何种价值或资产？如何用通证来表示资产？用通证表示资产后如何形成应用系统？

以下是维塔利克在以太坊白皮书中的讨论。为了与一般性的"通证"说法相区分，这里引述的中文翻译中保留了最初称 token 为"令牌"的翻译方式，他最初在讨论 token 时所设想的正是 IT 系统中常见的"令牌"这一含义。在过去几年中，token 逐渐演变成了现在的含义。

令牌系统（token systems）：链上令牌系统有很多应用，从代表美元或黄金等资产的子货币到公司股票，代表智能资产的单独令牌，安全的、不可伪造的优惠券，甚至与传统价值完全没有关联的令牌系统（如积分奖励）。

在以太坊上实施令牌系统非常容易。关键的一点是，理解所有的货币或者令牌系统从根本上来说都是带有如下操作的数据库：从 A 中减去 X 单位，并把 X 单位加到 B 上。前提条件是：① A 在交易之前有至少 X 单位；② 交易被 A 批准。

实施一个令牌系统，是把这样一个逻辑实施到一个合约中去。

我这里再次重复之前的议题，各种区块链能方便地承载通证系统，是源于它特殊的存储机制——它存储的是状态，它是一个"状态机"，能可信地存储"谁拥有什么"这样的所有权状态。

在《商业区块链》一书中，区块链专家威廉·穆贾雅提出了一个可以用通证系统表示的事物的分类。他把区块链中可存储的事物的首字母组成了一个单词"ATOMIC"：

- 可编程的资产（assets）；

- 可编程的信任（trust）；

- 可编程的所有权（ownership）；

- 可编程的货币（money）；

- 可编程的身份（identity）；

- 可编程的合同（contracts）。

「冷知识」ERC20 通证标准

ERC20 通证标准（ERC20 Token Standard）是通过以太坊创建通证时的一种规范。按照 ERC20 的规范可以编写一个智能合约，创建"可互换通证"。它并非强制要求，但遵循这个标准，所创建的通证可以与众多智能合约、交易所、钱包等进行交互，它现在是已被业界普遍接受的事实标准。

ERC20 是什么

ERC 是 Ethereum Request for Comment 的缩写，20 是编号。征求修正意见书（Request for Comment，RFC）是互联网工程

任务组（IETF）发布工作备忘录的方式，后来演变为用来记录互联网规范、协议、过程等的标准文件。比如，常见的互联网协议的 RFC 编号分别是：IP，791；TCP，793；SMTP，2821。

现在，以太坊改用比特币的提法，其将比特币系统的改进提案称为 BIP（Bitcoin Improvement Proposals），然后加上编号，以太坊的改进提案称为 EIP（Ethereum Improvement Proposals）。与通证相关的标准仍称 ERC，但被纳入 EIP 序列，以太坊 EIP 的序列包括 Core（核心改进）、Networking（网络层改进）、Interface（接口改进）、ERC（应用层意见征集）。

ERC20 通证标准最早由以太坊的开发者费边·沃格尔斯特勒在开源社区中提出，后来以太坊创始人维塔利克撰写了第一版文档，当时名为"标准化合约 API"（Standardized_Contract_APIs）。

遵循 ERC20 通证标准基于以太坊创建的通证是通用的，可以被以太坊的多数其他应用所使用。

详解 ERC20 通证标准

ERC20 通证标准是一个标准化的智能合约程序，它需要实现的通证方法包括：可选的 name、symbol、decimals，必须有的 balanceOf、transfer、transferFrom、approve、allowance。

它需要实现的事件响应包括 transfer、approve（见图 2-10）。

可选	必须有	必须有
name	balanceOf	transfer
symbol	transfer	approve
decimals	transferFrom	
	approve	
	allowance	

图 2-10　ERC20 智能合约程序需要实现的方法与事件

现在 ERC20 的文档见：

https://github.com/ethereum/EIPs/blob/master/EIPS/eip-20.md。

「冷知识」ERC721 标准与谜恋猫

除了 ERC20 之外，以太坊受关注的通证标准还有 ERC721。ERC20 通证是可互换的、同质的，而 ERC721 的通证是不可互换的、非同质。ERC20 通证可无限分割细分，而

ERC721 通证的最小单位是 1，无法再分割细分。2018 年 6 月，ERC721 被以太坊社区正式接受，成为最终标准。大热的加密猫（CryptoKitties）所遵循的就是 ERC721 标准。加密猫的正式中文名叫"谜恋猫"，一些游戏的官网称这些谜恋猫是"可收藏、可繁殖、讨人喜欢的"。

2017 年 11 月 28 日，"谜恋猫"游戏出现在互联网上，这是基于以太坊的 ERC721 标准（不可互换通证）发行的加密数字宠物，每一只猫咪各不相同。

用户可以用以太币换购这种猫咪。这个简单的游戏吸引了大量用户，甚至导致以太坊区块链网络出现了大拥堵。

在此之前，人们对以太坊的认识是，它的主要应用是用它的智能合约发行符合 ERC20 标准的可互换通证，同一种通证的这一枚和另一枚是完全一样的。对比而言，基于 ERC721 标准的这种谜恋猫的每一只猫咪都是独一无二的。

谜恋猫极大地扩展了以太坊的通证用途。有不少分析文章讨论了谜恋猫的意义，在一篇文章中，作者萨曼莎·拉多基亚（Samantha Radocchia）写道："我们知道（区块链）这项技术有着不可思议的潜力，但我们还无法把握它所有的可能性。但像谜恋猫这样的应用帮助增长了区块链的用户基础，增加了我们对于什么是可能的的理解。"

谜恋猫的关键信息如下：

（1）一只谜恋猫是不可分割且独一无二的。

（2）谜恋猫有 40 亿种变种：你可以看到的表型性变体（phenotypes）和你无法看到的基因型变体（genotypes）。

（3）谜恋猫的架构构建在以太坊网络之上，谜恋猫的购买和育种都需要用到以太币。

（4）两只谜恋猫可以繁殖一只全新的后代。

2020 年年底到 2021 年年初，谜恋猫的开发公司 Dapper Labs 有一系列大动作：它推出了专门 NFT 开发的专用区块链 Flow，得到了华纳音乐、育碧游戏等产业巨头的支持。它再次开发了大火的 NFT 应用，这次是与 NBA 联盟合作推出的球星卡收集游戏 "NBA Top Shot"。这家公司正以 20 亿美元估值完成新一轮融资，由知名投资基金 Coatue 投资 2.5 亿美元，Coatue 常与高瓴、华平等相提并论，在中国投资了喜茶等知名消费品牌。

值得注意的是，遵循 ERC721 标准的非同质化通证并不是只能用来表示收藏品。区块链的实质性功能是所有权管理系统，遵循 ERC20 标准的同质化通证表示的是可互换的所有权权益，而 ERC721 表示的不可互换的所有权权益。2021 年，去中心化闪兑平台 Uniswap 从 2.0 版升级到 3.0 版时发生的变化就是一个好案例。在 Uniswap 中，资金提供者可以将两种资产按比例存入流动性兑换池（Liqudity Pool,LP），使得 Uniswap 能为用户提供资产兑换服务。在存入资产后，他们将获得流动性兑换池的份额凭证（LP Token）。在 2.0 版，在一个流动性兑换池中，所有人存入的资产都是可互换的，因此在技术上他们获得的 LP Token 是用 ERC20 通证实现的。在 3.0 版，Uniswap 允许资金提供者设定自己提供的两种资产所适用的价格比值范围，这就使得每个人的 LP Token 实际上变成不可互换的了，因此，它在技术上改由用遵循 ERC721 标准的通证来实现了。

详解以太坊之三：以太坊的账户、交易与燃料费

以太坊是有账户的，每个用户都可以开设账户，账户余额是我们拥有的以太币，用户还可以用账户持有遵循 ERC20 标准、ERC721 标准的通证。

我们开设的账户是以太坊的两种账户中的外部账户，而当程序员部署一个智能合约时则会创建合约账户（见图 2-11）：

- 外部账户（externally owned accounts），由私钥控制。

- 合约账户（contract accounts），由智能合约的代码控制。

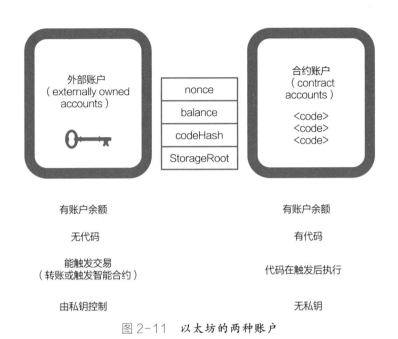

图 2-11　以太坊的两种账户

外部账户可以触发交易，用户用私钥签名，执行一个交易。合约账户不能主动发起交易，它只能在被触发后，按预先编写的代码执行，但它可以接着调用其他智能合约的代码。两种账户的地址形式是一致的，都是以"0x"为前缀的 40 位十六进制字符串，我们接下来把它们统称为"账户地址"或"以太坊地址"。

交易是以太坊最为重要的组件。和比特币一样，在以太坊区块链账本中存储的是状态，外部账户签名发起的交易会触发以太坊变化到新的状态。以太坊的所有状态变化，都是由外部账户发起的交易触发的。

我们可认为，以太坊中有两大类交易：第一类是转账交易，将以太币从一个账户转到另一个账户，第二类是外部账户调用合约账户的函数，触发智能合约的代码运行。特别地，如果以上交易过程中出错，以太坊将回退（revert）到上一状态，不会只执行一半。但实际上在以太坊的具体实现中，这两种交易都由同一种交易实现，用户发起的交易均是打包在一起的二进制数据，包括如下内容（见图2-12）：

- nonce：与发起这个交易的外部账户相关的一个序列编号。

- gas price：交易的发起方愿支付的燃料费价格。

- gas limit：交易的发起方愿意为交易支付的最大的燃料数量。

- recepient：交易的目标地址，可以是另一个外部账户，也可以是合约账户。

- value：这一交易发送的以太币数量。

- data：附在交易中的数据，当我们调用一个智能合约的函数时，调用数据被组合成相应的格式放入这个字段。

- v、r、s：由交易的发起方提供的椭圆曲线签名的三个部分。

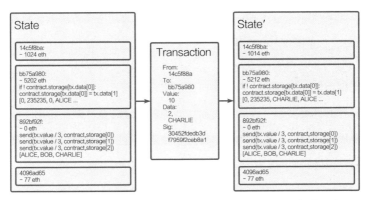

图 2-12　以太坊的交易：提供更好地编程改变状态的方式

资料来源：以太坊白皮书。

你可能发现，在交易数据中并没有交易发起方的账户地址，这是因为，从签名我们可以很方便地反推出交易发起方的账户地址。

在看以太坊的交易时，你可能注意到了燃料的概念。当我们作为用户使用以太坊区块链或所有区块链时，我们会接触到如下一系列新概念，下文列表中的前四个我们都已经讨论过，接下来我们会详细讨论燃料费：

- 地址、私钥：我们用它们控制一个账户。

- 通证：它是价值的表示物，指我们的账户所掌控的价值。

- 交易：我们可以向区块链发起执行一个转账交易。

- 智能合约：编写、部署在以太坊合约账户中的程序代码。

- 燃料费：发起一个交易时，我们要为这个交易所触发的所有操作支付燃料费。

比特币区块链实际上也有燃料费的概念，但要容易理解得多：我从我的地址发起一个转账交易，向你的地址转账一笔比特币，我要额外支付一小笔费用作为转账的费用。这些交易费由将这个交易打包进区块的矿工获得。

以太坊扩大了燃料费的概念。当我们调用智能合约中所有的会改变账本状态的所谓可写函数时，我们要支付燃料费。特别地，我向一个智能合约（A）发起交易，然后这个智能合约去调用下一个智能合约（B），它再去调用智能合约（C），我需要为这一系列运算支付燃料费。

这使得以太坊这台所谓的世界计算机有点像一个按量计费的云服务提供商，在其上所进行的运算都要相应地支付费用。与云服务不同的是，这个费用不是由在应用的开发者支付，即不是由智能合约的开发者支付，而是由每一个调用智能合约的用户根据自己的使用量支付。在以太坊系统内，以太币的主要角色就是用于支付交易的燃料费。

可以用如下类比来更好地理解燃料费。每一个以太坊交易就像驾驶一辆燃油汽车出行。汽车行驶需要消耗汽油，实际上，燃料（Gas）的确是汽油（gasoline）的口语化说法。在以太坊中，燃料也对应这一个燃料价格，这就像我们去加油站加油时，汽油有一个价格。

在了解燃料费的计算之前，我们还要先解释一下交易的燃料使用量上限（gas limit）。以太坊的一个设计是，为了避免代码无限制地循环执行下去，耗费你大量的费用，你应当为自己的交易设置一个上限。如果燃料费超出你设定的上限，整个交易就会报错，并回退到初始状态。类比来说，我们给汽车油箱加了预估这次要用的油量（如 30 升），油箱中的油耗尽时你就不能再行进了。当然，以太坊的设计是让你瞬时回到起点。

交易的燃料费是这样计算的：在跑完从甲地到乙地的路程后，以太坊会最终计算这个过程中所消耗的燃料费，这就是我们支付的费用。

燃料费（gas fee）= 燃料价格（gas price）× 燃料使用量（gas）

以当前的一个新交易为例，它的燃料费或交易费用以太币计价为 0.010 286 247 082 ETH。我们普通人都习惯于用美元来进行计价，因此通常还会进一步换算得出交易费为 19.73 美元。具体数据如下：

- 燃料价格 = 183 Gwei（0.000 000 183 000 000 000 ETH）。

- 燃料使用量 = 56 209。

- 交易费 = 0.010 286 247 082 ETH。

- 交易费（以美元计价）= 19.73 美元。

通常区块链业界人士在讨论燃料费时采用的是如下公式：

$$以美元计价的燃料费 = 燃料价格 \times 燃料使用量 \times$$
$$ETH 的美元价格$$

燃料使用量与你所进行的计算的复杂度有关，以太坊虚拟机的各种计算均有对应的燃料使用量标准。以太坊中的平均燃料价格则是随时根据系统的拥堵情况而变化的，拥堵时价格会提高，不拥堵时价格会降低。每个交易的燃料价格是用户自己设定的：用户在发起交易时要设置燃料价格，你设的价格较高交易会快速被确认、完成，价格较低则需要较长的时间。

我们常习惯用美元计价的燃料费来看自己发起的交易的费用，美元计价的燃料费与 ETH 的美元价格是相关的。如果以太坊价格大幅上涨，用户进行一个交易所花费的燃料费以美元计价的价格也会大幅上升。在 2021 年 2 月，由于以太坊拥堵，ETH 价格暴涨，一个较为复杂的交易耗费的燃料费可能高达 200 ～ 300 美元。

在互联网上，我们可以查询以太坊的燃料费价格（见图 2-13）。在 2012 年 2 月，我们查询得到的建议的燃料费价格低、中、高三档分别是（括号中为交易确认所需时间、以美元计价的价格）：

165 Gwei（8 分 38 秒，6.66 美元）；185 Gwei（2 分 37 秒，7.74 美元）；220 Gwei（约 30 秒，8.88 美元）。当时 ETH 的价格为每枚 1921.7 美元。因此，一次 ERC20 通证转账可能耗费 20 美元，而较为复杂的交易，如在去中心化闪兑平台 Uniswap 进行通证兑换，向它的流动性兑换池注入资金所需的燃料费为 55 ～ 85 美元。

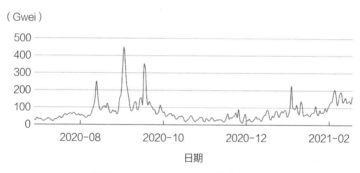

图 2-13　以太坊的燃料费价格

资料来源：https://cn.etherscan.com/gastracker, https://www.gasnow.org/, 2021-2-19.

对于以太坊上的应用开发者和使用者来说，燃料费是要考虑的重要因素，而且权重变得越来越高。在编写本书第一版时，我们虽认为燃料费是个重要的概念，但当时最终以美元计价的燃料费并不高，因此选择了不详细讨论。现在燃料费已经高到必须严肃对待的程度。应用开发者往往要用各种技巧来降低智能合约的复杂度，减少调用所消耗的燃料数量，否则的话，高昂的成本将会阻碍用户使用。一些应用开发者也开始考虑，在扩展以太坊性能的所谓二层协议（Layer-2 protocol）或其他燃料费较低的以太坊兼容公链上部署自己的应用，以应对以太坊高昂的燃料费。对于使用者来说，我们需要根据不同的情况来选择使用高、中、低档价格的燃料，也可能在价格过高的时候暂时不做相关的交易操作，等稍后价格降下来再执行。

「 **专题讨论** 」机器比人更需要通证

在讨论数字世界中表示价值的通证时，我们常会拿它和法定货币做比较，这会带来一个疑问：在很多情况下，延续数千年的人类货币已经工作得很好，在数字世界中，在线支付系统也工作得很好，至于它们是中心化的还是去中心化的，对用户来说并不那么重要。那么，为什么我们还需要通证？我们可以从多个角度来探讨这个话题，其中一个可能很重要的观点是，机器比人更需要通证。

将价值映射到链上的路径与困惑

如图 2-14 所示，我们可以用两个维度把自己所处的世界分成几个部分：一个维度是区分数字世界和物理世界，另一个维度是区分信息互联网和价值互联网；我们把数字世界的资产细分为链上资产（第①类）、线上资产（第②类），而把所有线下资产都视为第③类。

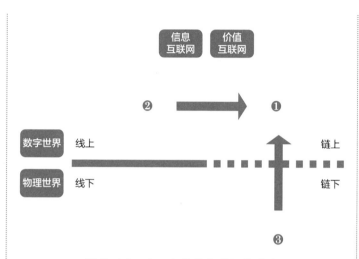

图 2-14　从四个象限看通证的用途

我们可借用图 2-14 的分类来思考"通证有什么用"这个问题。

通证的用途是,在数字世界中,在区块链上表示价值。要把其他象限的价值映射到链上、用通证来表示,主要有两个路径:

- 路径之一,把原本在互联网上通过中心化机构的数据库表示的价值和价值转移,切换到去中心化的区块链上来。比如常见的有:网络零售的支付、社交网络的积分、游戏里的道具等,反映在图中就是从线上资产②链上资产①。

- 路径之二,把实体中的资产映射到链上,通过区块链进行流通。比如常见的有：把线下的民宿、供应链金融、资产证券化（ABS）中的资产用通证进行表示，反映在图中就是从线下资产③链上资产①。

这两个都是值得探索的方向，但在这两个方向上探索时，我们逐渐地感到困惑：通证似乎并没有带来多少独特优势。对于路径一，互联网上的各类点卡、积分、道具一直运作良好；对于路径二，用通证进行表示依然没有解决线下资产如何数字化的问题，也没有解决它们的流通性问题。

问题可能出在，把线上、线下资产变成链上资产，用通证进行表示、通过市场交易发现价格，这都只是表层的变化。传统的法币在代表这类价值时已经做得足够好。在如上这些领域，用法币来表示这些价值以及相关的金融工具都非常成熟。把线上线下资产用通证表示可以带来一些优势，比如，过去在互联网上一个点赞相当于赞助 0.0001 美元的行为也许就被忽略了，而现在可能被通证记录了下来。但是，这带来的变化还不那么大。

其实，通证发挥作用的地方应当是法币不那么有效的地方。

当我们不再站在人的视角

当站到机器的视角去看通证时，我们就会发现通证的独特价值，它的角色是法币无法替代的。

token 这个词在网络通信中的原始含义是令牌，只有有令牌的节点才能参与通信，令牌代表权利。当数字世界的范围扩大，特别是看机器相互交互的场景时，我们会看到，它们比人类更需要通证。

来看一种场景，在讨论中我们暂用 token 这个说法而不是通证。

假设，为了防止网络中的机器发出垃圾邮件，我们设定如下规则：电脑或手机在发邮件时，需要消耗一个 token；发邮件的服务器也要消耗一个 token。如果这个邮件不被垃圾邮件规则拦截，或者不被个人举报为垃圾邮件，那么在一定时间内，所消耗的 token 又会回到我们手中。

在这个过程中实际发生的是 token 的抵押，从而确保我们行为的正当性。系统可以预先给各个邮件账号和邮件服务器分配适量的 token，这样我们发送邮件就不会受到影响。对于那些需要大量发送推广邮件的人而言，他们发送的邮件有可能被认为是垃圾邮件，因此他们就需要用法币换取一定的 token，否则他们可能因为 token 数量为零而无法再发送邮件。

要让这样一个使用 token 的反垃圾邮件系统投入运营，我们的设计不应是每台电脑、手机、服务器都需要存入法币，以购买 token，只是特殊情况下才那样做。较好的设计方案是，让这些机器可以自行以某种方式获取 token，比如它们可以完成怎样的计算任务从而获得 token。

从这样一个简单的例子中可以看到，机器在交互时比我们更需要 token。

又如在物联网的场景中，每个传感器在和其他机器进行交互时，可能会获得 token 或消耗 token。我们的做法不应是给每个传感器开设一个和法币对应的账户。这时，我们应该设计机器专用的钱包和 token。

随着越来越多的物联网设备接入网络，我们需要有各种不同的机器 token。

在多数情况下，机器用自己类型的 token 就足够了。只有在极少数情况下，我们才需要根据一定的汇率，让这些 token 与其他 token 进行转换，或者让它与法币进行转换。兑换并不频繁，转换的汇率也不是特别重要。

总之，当转换到机器视角时我们看到：在人的世界里，通证有意义；在机器的世界里，通证不可或缺。

2. 智能合约与通证
——用通证表示资产，实现去分布式金融应用

从比特币到以太坊，从区块链 1.0 的数字现金到区块链 2.0 的数字资产，人们关注的焦点在发生转移。在讨论比特币系统时，人们关注的是比特币与加密数字货币。在以太坊带来智能合约和通证，在 ERC20 与 ERC721 等通证标准被广泛采纳后，以太坊和比特币系统的差别开始出现：比特币系统只有一种加密数字货币，而在以太坊上，在以太币之外出现了多种表示价值的通证。

以太坊逐渐有了一种典型的用途——进行数字资产的表示与交易。在 2018 年之后，逐渐出现一种声音以重新定位以太坊区块链，如以太坊联合创始人约瑟夫·鲁宾反复强调，以太坊区块链在数字经济中的角色是作为金融与资产的"全球结算层"。在 2020 年，包括借贷、兑换、衍生品等一系列去分布式金融科技应用（DeFi）的爆发让我们看到，智能合约与通证的组合的确可让以太坊初步充当结算层的角色。

我们接下来将分别以 2017 年兴起的用通证表示资产和 2020 年
兴起的用智能合约处理复杂金融交易为例，来介绍以太坊上这一
类应用的发展前景。

用通证将资产表示为链上的"数字资产"

超越作为数字现金系统的比特币系统，以太坊往前一步开始解决
数字资产系统的三个问题（见图 2-15）：

图 2-15　数字资产系统要解决的三个问题

- 表示的资产是什么？

- 如何发行？

- 如何进行复杂交易？

在实际运行中，以太坊首先被用于解决前两个问题：表示的资产是什么，以及如何发行。之后，人们就可以很自然地发挥创意，创建关于数字资产的各类复杂应用。大规模的创新会出现在我们稍后讨论的去中心化金融科技应用中。

一般来说，通证是资产在区块链上的价值表示物，涉及的资产包括三类：比特币和以太币等链上的原生资产、映射到链上的线上资产、映射到链上的线下资产。当它们被在链上表示后，我们将其统称为"数字资产"。通常的做法是，用以太坊区块链及其智能合约可以创建和发行代表价值的通证，然后用它去关联资产，形成现在较为通行的数字资产表示物（见图 2-16）。

这里涉及三种资产：链上资产、线上资产、线下资产。其中，线上资产与线下资产均不在链上，可认为是链下资产。通常，我们需要辅以预言机（oracle）等工具来连接线上、线下的资产。

如前所述，在以太坊区块链上主要可以创建两种表示价值的通证：可互换的 ERC20 标准通证和不可互换的 ERC721 标准通证。可互换通证的典型是现金，不可互换通证的典型是房契。

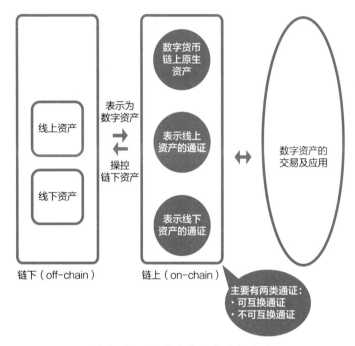

图 2-16　数字资产的表示与应用

对表示为通证的数字资产，以太坊智能合约可以协助其进行各种交易，如通证兑换、通证抵押等，形成复杂的数字资产交易与应用。这些交易与应用都可以是去中心化的，无须中介的参与。比特币系统只能进行比特币这种数字现金的去中心化交易，而以太坊作为数字资产系统，基于智能合约创建的各种通证都可以进行中心化或去中心化交易。

我们来对比三种场景，看看如何通过智能合约进行链上与链下资产的去中心化交易（见图 2-17）。

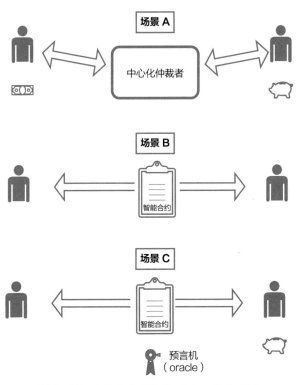

图 2-17 "智能合约"取代中心化仲裁者

场景 A：在数字世界中通过中心化中介进行交易

在数字世界中，当两个人要进行数字资产的交易时，他们之间需要一个可信第三方，这个中介完成如下任务：

（1）监督购买协议的执行。

（2）作为双方之间的担保。

（3）协助进行价值的记录。

以电商购物如购买一个电子文档为例。假设我们在类似淘宝这样的电商平台上进行交易，中心化仲裁者可细分为淘宝和支付宝两种角色：

（1）买家在淘宝上下单。这是通过淘宝来签订一个购买协议。

（2）买家通过支付宝付款。款项先由支付宝代管，卖家发出文件，等买家确认后，支付宝将款项支付给卖家。

（3）支付宝进行结算。支付宝对双方的账户进行记录的修改，完成钱的转移。

如果在以太坊区块链上，通过智能合约进行一次去中心化交易，过程是什么样的呢？

场景 B：通过智能合约进行链上数字资产的交易

我们可以编写一个合约，售卖一种基于 ERC721 标准的不可互换通证，如性质类似于收藏卡的"谜恋猫"。每个谜恋猫通证各不相同，预先在智能合约中设定其价格均为 10 枚以太币，购买方式是先到先得。

这时，去中心化的数字资产交易过程如下：

（1）买方向智能合约地址转入 10 枚以太币，即为发起购买邀约。智能合约担任第三方保管的角色保管资金。

（2）卖方把该收藏卡（基于 ERC721 标准的通证）转入买方地址。

（3）智能合约自动将以太币资金转入卖家账户。

由于这里仅涉及以太坊区块链上的数字资产（谜恋猫通证和以太币）的转移，在链上可以完成全部过程。

对比 A、B 两种场景我们看到，原本中心化的中介（案例中的淘宝与支付宝）被按预先设定规则自动执行的智能合约所取代。

场景 C：通过智能合约进行涉及线下资产的交易

如果我们交易的标的不是像谜恋猫这样的链上数字资产，而是一个电子文档，甚至是线下的一处房产，这时通常与智能合约联合起来使用的预言机就要出现了。当交易的不是链上的数字资产时，智能合约和预言机是一对必备组合。智能合约在链上，预言机在链下，为区块链提供可信的数据。比如，卖家把数字文件传递给买家，买家确认之后，连接链上和链下的预言机发出消息通知智能合约，接到消息后，智能合约执行后续的步骤，把以太币转入卖家账户。

在涉及线下资产时，逻辑是相似的，只是过程更加复杂。比如，当购买一个实物商品时，买家要到线上的互联网界面中确认收货，而预言机会把消息传送到链上给智能合约，智能合约继续执行后续步骤。

通过这三种简单场景的对比，我们可以看到链上由智能合约协调的交易的三个特性：第一，有了智能合约，用通证表示的数字资产就是可编程的；第二，交易是可以由计算机自动处理的，也就是自动化的；第三，如果数字资产交易的各方形成一定的规则与逻辑，那么这些交易方之间可以进行完全自治的交易，可不需要人的参与。

这些特性组合起来，可以大幅度降低资产流转交易的效率。正如我们一再提及的，这一切的技术基础是通证与智能合约。中关村区块链产业联盟理事长元道在与通证经济专家孟岩对谈的文章《通证是下一代互联网数字经济的关键》中指出，通证有三个要素：

- 第一个是数字权益证明。通证必须是以数字形式存在的权益凭证，它代表的必须是一种权利，一种固有和内在的价值（intrinsic value）。

- 第二个是加密。通证的真实性、防篡改性、保护隐私等特性，由密码学予以保障。每个通证都是由密码学保护的一份权利，这种保护比任何法律、权威和枪炮提供的保护都更坚固、更可靠。

- 第三个是可流通。通证必须能够在一个网络中流动，从而可以随时随地验证。其中一部分通证是可以交易、兑换的。

他们还说："事实上，通证可以代表一切权益证明，从身份证到学历文凭，从货币到票据，从钥匙、门票到积分、卡券，从股票到债券，人类社会的全部权益证明都可以用通证来代表。"

他们讨论的通证的三个要素可再加上第四个要素：通证是可编程的。在区块链上，智能合约可以自动地或自治地处理通证，这是通证不同于过去的货币、证券、积分、收藏品等价值表示物的重要特性。

通证系统的原理与设计

比特币系统一种最理想化的情形是：它的通证发行是完全去中心化的，由计算机算力按规则竞争完成。但当用通证表示数字资产时，我们不得不从最理想化的发行去中心化往回退一点，这步回退是让区块链投入使用的必要妥协。

回看以太坊最初的代币众筹过程，严格地说，以太币的发行是中心化的，是由以太坊基金会将以太币售卖给比特币持有者。但这个过程是自动化的，由预先确定规则、编写后不能修改的智能合约自动执行。

用区块链上的通证表示链上资产、线上资产、线下资产时，完全的去中心化甚至完全无人介入的自动化通常是不可行的。资产的设计、发行的设计以及后续项目的运行，都需要有机构来发起，这个机构在一定程度上是区块链项目的中心。

- 这个发起机构的角色是进行协调，将线上资产、线下资产与通证进行对应。

- 这个发起机构的角色是发起和发行通证。与过去相比，该机构是相对去中心化的，它并不掌握社区百分之百的权益，也不具有绝对的话语权，而必须做社区的协调者。

- 这个发起机构的角色也包括持续运行项目和社群，直到社区能够自行运转。在项目的发展过程中，随着社区的扩大与强大，中心才可能开始弱化，甚至最终达成去中心化社区状态。在 2020 年，包括区块链借贷协议 Compound 等项目就通过发行治理通证，来将治理权交给社区，去掉自己这个中心、走向去中心化社区。

在 2020 年开始兴起的去中心化金融生态中，大量项目采取了以下两个方面的通证实践：第一，由一个发起机构进行通证的设计、发行、初步运行，但在一个阶段之后通过建立去中心化的自治组织（DAO）形式，将治理权移交给社区，重大事项由社区投票决策；第二，通证的发行不再预分配给早期投资、团队，而是采取所谓的公平启动（fair launch），也就类似于比特币系统，通证是从零开始按时间、业务发展情况发行给所有参与者的。

发起机构的关键任务之一是设计这个产业生态圈的通证经济系统。通证经济系统设计包括两方面，一方面是和通证的价值相关的设计，另一方面是和通证的数量相关的设计。

一个通证所表示的价值是什么？如何与现有资产对应？参与者可因什么贡献而获得？如何用它投资社区？如何确定它的价格？这些是通证的价值设计所关心的问题。

通证的数量设计则包括初始分配、流转和总量控制等。下面我们重点讨论一下通证的数量设计。

假设用通证经济系统来改造一个线下社区，那么可能有一种初始分配：投资方、团队各获得一部分通证；现有社区的成员按照规则获得一部分通证，同时将一部分通证留存，以备社区发展之需。

其中，社区成员按一定规则获得通证，就是把线上资产映射到链上，用通证表示出来。

之后，通证根据社区成员的贡献进行分配。项目团队要设计一个通证在社区内使用的场景：

- 社区成员如何获得通证？

- 社区成员如何消耗通证？从项目角度说，即如何回收通证？

- 如何安排项目回收的通证，是再次发放与流通，是销毁，还是变更为留存状态？

通证经济系统还会涉及其他与数量相关的经济逻辑，主要包括：

- 总量。通证的总量如何变化，是增多，是不变，还是随着逐步销毁而减少？

- 解锁。被锁定的通证以什么样的速率和规则逐步释放？

确定通证的数量逻辑之后，我们就可以编写智能合约用代码实现它，并部署在区块链上自动甚至自治地运行了。

通证经济系统的设计清单如图 2-18 所示。

图 2-18　通证经济系统的设计清单

让我们把目光转回以太坊。以太坊区块链是当下用区块链表示数字资产的基础设施。一方面，它为价值表示提供了通证；另一方面，它也为通证数量逻辑的实现提供了编程语言、工具（智能合约）、标准（ERC20 等）和运行环境（EVM）。

以太坊区块链和它的智能合约、通证为数字资产的发行与交易提供了一整套去中心化的基础设施。之前，在以太坊的 ERC20 通证标准被广泛接纳之前，要发行一个原生数字资产需要自行开发一条链，而现在我们可以基于以太坊这条公链来创建一个通证。随着以太坊上发行的通证越来越多，它吸引了更多的人。

总之，以太坊让我们能够方便地创建代表数字资产的通证，让在区块链上用通证表示的数字资产大量涌现。之后，很多原本无法进行的应用会涌现出来。

「**专题讨论**」通证的分类：实用型 vs. 证券型

由于通证是全新的事物，目前人们对于通证的分类仍未达成共识。这里将所见的几种分类列举如下，供参考。

瑞士金融市场监管局（FINMA）将通证分成以下三种：

（1）支付型通证（payment）。

（2）实用型通证（utility）。

（3）资产型通证（asset）。

其中，资产类通证可视为"证券类"（security），有时实用类也被翻译成"功能类"。

按美国 SEC 的分类方法，通证被分成证券与非证券两类。SEC 通常用豪威测试（Howey test）来判定某一金融工具是否为"投资合同"从而构成"证券"。豪威测试包含四个要素：①资本投入；②投资于一个共同事业；③期待获取利润；④不直接参与经营，仅仅凭借发起人或第三方的努力。当前，为了适应美国 SEC 的监管，各个通证交易平台所交易的通证都要求能通过豪威测试，即不是证券。

在一次分享中，万向区块链董事长肖风将通证分为功能类、证券类和基金类。也有人从产业的角度将通证分为基础公有链、行业生态类、公司证券类。

现在通常认为，比特币、以太币等是接近于瑞士金融市场监管局（FINMA）中的支付型通证分类。除此之外的通证可以按美国 SEC 分类（证券类与非证券类）延展进行分类。

在 2018 年 7 月的一个分析中，奥黛丽·内斯比特（Audrey Nesbitt）将通证分为两大类、四小类，我认为这可能是易于在实际项目的通证模型设计中使用的一种分类（见图 2-19，在图中我们在她的实用型与证券型通证之外增加了支付型通证这一基础类别）。她的分类如下。

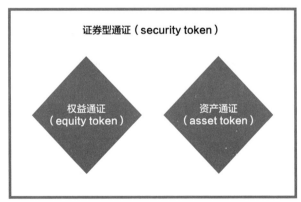

图 2-19　通证的一种分类

（1）第一大类：实用型通证。

1）产品或服务通证，代表公司的产品或服务的使用权。

2）奖励通证，用户通过自己的行为获得奖励。

（2）第二大类：证券型通证。

1）权益通证，类似公司的股权、债券等。

2）资产通证，对应物理世界中的资产，如不动产、黄金等。

当前市场中交易的通证多数属于权益通证，但为了不受到当前各国法规中对证券严格监管的影响，往往通过各种设计技巧将自己规范为实用型通证。

在相关通证设计中，一个典型案例是EOS币，它是由Block.one公司发行的，但它被定义为"商品售卖"，而非公司"权益"。特别地，该公司又通过免责条款免除了EOS币任何与实用性相关的特性。EOS币的相关条款称，EOS币没有明示或暗示的权利、用途、目的、属性、功能或特征。

「专题讨论」通证经济的模型与实践

在人类经济生活中，有多种多样的价值凭证：金融类凭证，如现金、存款、外汇、上市公司股票、债券、期货等；有流通性不那么强的凭证，如房产证、未上市公司股份、收藏品等；有消费类的凭证，如过去的粮票、现在的演唱会门票、提货券、优惠券、消费积分等；还有其他凭证，如个人的学历证书、病历、行为数据、会员资格或企业的商业秘密、知识产权等。在经济生活中，一个人持有凭证即表示其是财产的所有者。

当我们进入数字化时代，这些凭证如何数字化变成了新难题。这包括三方面的问题：如何以某种数字化的方式将其表示出来？数字化凭证如何与它的所有者形成对应？如何形成有效的数字化凭证的市场，以决定其价格及便利地交易？

区块链技术给出了近乎完美的答案。在数字空间，基于区块链可以生成独一无二的数字化凭证，即链上的价值表示物——通证，所有者可以用公钥/私钥组合确定性地拥有这一凭证，各个区块链网络连接在一起并加上一些市场机制后，可形成统一的、通用的市场，各种凭证可以方便地相互兑换。它以一致的方式实现了几乎所有价值凭证的数字化。它以极其简洁又安全的方式实现了凭证的数字化、所有权和交易，便于我们在其上构建复杂的应用。

简言之，人类社会中的各种价值凭证均可基于区块链技术用通证来表示，实现全面数字化。我们可以乐观预期，它将像信息互联网一样逐步且快速地铺展开，最终形成繁荣的价值互联网。

广义的通证经济：基于通证的价值互联网

在技术底层，区块链是由交易明细形成的数据存储记录，即所谓账本（Ledger），账本是通过共识机制在众多参与者中进行确认并分布式地存储的。基于去中心网络和分布式账本，区块链有三个功能：去中心化的价值转移功能、去中心化的价值表示功能，以及其上的价值表示物——通证。

广义的通证有如下几个主要特点：第一，区块链上的通证可以用来表示各种各样有价值的事物，区块链上的通证即数字时代的财产所有权的凭证。随着区块链从技术阶段进入商业阶段，通证将会被用来主要表示链外的资产。第二，参与者相信区块链账本是安全的，也相信它能让参与者在链上的行为是可信任的。这带来的结果是，区块链上的通证在链上参与者之间处于一个"信任特区"之中，也称为"去信任的信任"（trustless trust）。第三，区块链上的通证是可编程的，并且通过编程也可以实现多链之间的资产互通。未来的图景不是当下的一个个孤立的区块链网络，而是众多区块链网络相互连接，组成一个更大的价值互联网。

这里我们要特别强调，通证是否有价值通常是由链外决定的。通证的价值是区块链网络之外的世界所赋予的，我们也需要有物理世界的规则来保障能够实际执行链外财产的所有权。一个通证是否值得留存还是只是无用的数字，取决于持有者是否认为它有价值及价格，也取决于持有者认为自己的所有权是否能得到保护。链外决定通证价值是讨论通证在实体经济中的应用的关键假设。

总的来说，区块链提供了一整套新工具，它用通证把广义的价值凭证带入了数字空间，并让我们可以在数字空间确权、交换、交易。未来围绕区块链技术与通证将会形成所谓的"价值互联网"，带我们进入数字经济的新阶段。

狭义的通证经济：通证经济激励

在了解了通证对于数字经济的意义之后，我们来接着讨论通证在实体经济中的应用，这通常被称为"通证经济激励"，即用链上的通证来进行奖励和惩罚，以协调商业活动中参与者的行为。

通证经济激励有两重作用。第一重作用是，利用区块链上通证的可信度来扩大参与者的范围。阻碍人们合作的主要因素之一是难以建立信任，区块链的信任建立功能被用来让众多利益有所冲突的主体也能合作与交易。通证可以扩大信任的范围，从而我们能更容易地将产业上下游和众多其他利益相关者带入一个繁荣的产业生态中。这样的产业生态可称为是"数字经济体"。第二重作用是，在一个交易市场、一个产业联盟中，我们可用作为价值表示物的通证激励参与者，通过通证的协调让每个人出于自己的利益而行动，它发挥作用的方式类似于市场经济，最终的效果是整体经济福利的最大化。

让我们以优步、滴滴等打车平台为例来进行一个假设性讨论。它既是一个车辆与打车人的交易市场，又是一个包括打车平台、车辆出租方、司机、乘客、金融机构、汽车制造商等的产业生态。在一个打车平台上可以应用多种通证来进行激励与协调：给管理者与员工的通证激励，使其为了平台公司市值的增长努力工作；给司机的通证激励，使其更好地服务乘客；给乘客的通证激励，使其更多地利用平台。给各类参与者的通证可以是同一种通证，也可以是不同种通证。所有的通证激励综合起来，促成了一个优质服务和长期繁荣的打车服务生态。

在一个数字经济体中通常有多种通证，以适应其内部的特定场景与不同人群。这些通证既可以是可互换通证，也可以是不可互换通证。现在，在一个打车平台上通常有多种价值表示物，如打车 App 钱包余额、会员资格、司机可提现的收入、司机的资格与服务评分、员工期权等。随着区块链与通证应用的发展，我们可以用这种被证明可信的、统一的技术取代过去多种复杂的技术系统。在各种价值表示物均用通证表示后，它们可以更便利地进行兑换，也可以进行复杂的编程及自动化处理。

如果站在整体视角看，我们会看到通证带来的市场效率和有效性的提升。我们用通证经济实践模型（Token Economy Practical Model）来描述这种现象，如图 2-20 所示。

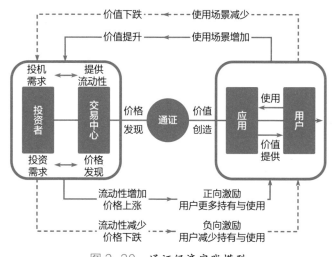

图 2-20 **通证经济实践模型**

通证有明确的或隐藏的市场价格，自由交易形成的价格信号
将使市场更有效率。通证经济实践模型认为，通证的作用是
支持各类用户与互联网应用之间的互动，它的价格信号与应
用场景之间的大循环会进一步促进优胜劣汰，使市场更有效。

通证经济实践模型包括正向循环与逆向循环两种。假设价格
发现机制是健康的，通证经济系统的作用之一正是通过市场
交易更好地反映通证的价格。用户使用通证增多，通证的价
格将上涨，这会促使用户愿意持有和使用通证，这是强者愈
强的正向循环；相反，如果用户使用通证的意愿降低，通证
的价格将下跌，这会进一步降低用户的使用意愿，推动逆向
循环开始运转，劣质应用及其通证将被淘汰出局。正向循环

与逆向循环均提升了市场效率。

总的来说，在一个数字经济体的内部，通证经济激励的应用会扩大信任的范围，提高内部的协调性；在一个数字经济体的外部，通证经济激励的应用会提升整体市场的运转效率。

从去中心化金融看智能合约与通证

电子书 *How To DeFi* 中这样定义：去中心化金融（DeFi）是一场能够让用户在无须依靠中心化实体的情况下，使用诸如借贷和交易等金融服务的活动。对这一定义，我完全赞同，但要略加补充：这些金融服务由区块链上的"智能合约形式的协议"来提供，它们处理的是用通证表示的数字资产。

经过三年多的发展后，DeFi 在 2020 年下半年大爆发。在 2020 年年初，整个 DeFi 生态中的总锁定价值（Total Value Locked，TVL）为 10 亿美元左右，这些资产价值支撑着其中的金融功能（如借贷、交易、衍生品、资产管理）的开展，2020 年年底总锁定价值增长到 150 亿美元，2021 年 2 月，又暴增至 400 亿美元。目前，DeFi 领域有如下主要细分赛道：

- 借贷；

- 去中心化交易；

- 衍生品；

- 资产管理；

- 稳定币；

- 预言机。

接下来，我们以 Compound 借贷平台与 Uniswap 闪兑平台（去中心化交易平台）为例来进行剖析，以了解在区块链上如何用智能合约和通证实现各种金融功能。

在 Compound 借贷平台，当你存入一种数字资产（通证 A，如比特币、以太币），你可以用它作为抵押，然后借出另一种数字资产（通证 B，如稳定币 DAI），这个平台目前的借出资产总额为 44 亿美元。在 Uniswap 闪兑平台，通过它的自动做市商（Automated Market Maker, AMM）机制，你可以方便地将一种通证按照市价兑换为另一种通证，这个平台当前 24 小时交易量为 9.6 亿美元。

Compound：用去中心化智能合约协议完成"银行"的金融功能

去中心化金融，正如其名，是试图以区块链的去中心化方式提供传统金融的各项功能。传统金融的一项基本功能是"当你需要钱的时候，借钱给你"。在传统金融中，有一种典型的机构就是为此目的而生的，那就是银行。它作为存款人和贷款人之间的中介，负责借与贷的核心任务：

- 接受存款，贷出贷款，并为存款人提供利息作为回报，向贷款人收取利息作为收益。

- 以抵押借贷、信用借贷这两种主要方式进行风险管理，确保资金安全。

- 其还有一个职责是管理好资金池或资产池。

在比特币与区块链发展到一定阶段后，随着一部分人积累了通证形式的数字资产，借贷的需求自然就出现了，而满足这种需求的借贷平台也就应运而生了：

假设，在 ETH 价值 500 美元时，你拥有 100 枚 ETH，你看好它的长期发展，不愿抛售。你可以用它抵押去借贷另一种数字资产，这可在 Compound 借贷平台的两个借贷市场中分两步实现。

第一步，在 Compound 借贷平台的 ETH 借贷市场中，你存入 ETH 以获得利息。同时，你将它设置为抵押物，这将让你在整个平台中获得借贷额度。

第二步，在 Compound 借贷平台的 DAI 借贷市场中，你以自己在整个平台中的抵押物为抵押，借出一定数量的 DAI（1 单位稳定币 DAI 约等于 1 美元），你需要相应地支付利息。

完成如上两步后，你相当于在传统银行中进行了一次借贷。而这一切都是由区块链上的智能合约也就是 Compound 借贷平台的智能合约来完成的。这些智能合约组合起来的借贷平台又常被为借贷协议，银行的角色被去中心化的协议所取代（见图 2-21）。

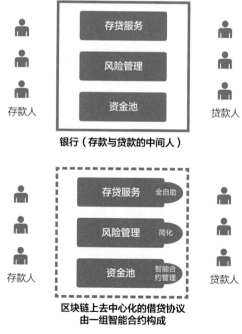

图 2-21　智能合约协议替代银行的角色

我们再来详细对比一下传统的银行和 Compound 借贷平台，看看这种区块链上的新尝试有何重大变化？区块链金融被称为"去中心化金融"是有原因的，它与传统银行的主要差异正是去中心化。

在传统银行生意中，银行是借贷业务运转的中心，它接受存款、借出贷款、处理抵押与利息。任何一家银行都有总部大楼、金库、柜台以及庞大的金融 IT 系统，而威严的银行总部大楼象征着银行的信誉。

在区块链上的借贷平台中，大楼、金库、柜台、IT 系统都不再需要，它们化身为区块链如以太坊之上的数个智能合约程序。当这些智能合约被部署到区块链之后，就不能再修改，部署它的人也没有任何特权。

特别地，借贷协议聚合起来的数字资产是由智能合约按规则保管的，无人可以干预、动用。如果一条区块链是安全的，且智能合约的代码是没有漏洞或后门的，智能合约可以可信地承担资金管理的功能。借贷协议是建立在智能合约可以安全地、可信地做数字资产保管的前提假设之上的。

存款的人、贷款的人跟这些智能合约进行交互——存钱、取钱、贷款、还款。在借贷这个银行的经典生意中，区块链金融重新做它的方式是，不再需要中心，一切都交给区块链上的智能合约程序。当然，并不是所有人都会与智能合约直接交互，多数人还是要通过可视化的网页界面来与智能合约交互，但网页只是在智能合约之上增加一层更人性化的界面而已。

具体到 Compound 借贷平台，你可以把 Compound 看成一台"无人自动存取款机"。它不属于任何人，甚至连最早安装这台无人自动存取款机的人也无法控制它，尤其无法取走属于存款人的数字资产。Compound 由持有 COMP 治理代币的社区共同治理，这是一个运行于区块链上的、基于通证的、按预设规则运行的、全自动的互助银行，任何人都可以使用，COMP 持有者有治理权。我们梳理 Compound 借贷平台的七个特点如下：

（1）全自动 / 全自治：它支持多种数字资产的存款与贷款，用以太坊的账户（地址与私钥）与之交互。我们往它里面存款、从中取款、获取利息，我们向它贷款、归还贷款、支付利息。

（2）资产池：存款人的数字资产放入其中，按资产形成不同资产的资金池，每个资产对应一个资产池，供存款人存款、供贷款人借贷。

（3）超额抵押：贷款人借贷一种数字资产，他必须在这台存取款机中有其他类型的数字资产进行超额抵押。如果你的抵押资产贬值或所借贷资产升值，则会被要求增加抵押，否则会被平仓。

（4）利差（spread）：贷款人与存款人的利差会作为抵御风险的储备及作为治理代币 COMP 持有者的权益。目前所有的利息差都仍保存在这个存取款机中。

（5）cToken 机制：存款人存入某种资金，会得到对应的 cToken 作为存款凭证，比如你存入 WBTC，得到 cWBTC 形式的存款凭证。你也可以将它转让给他人，就像在某些线下场景中有人将银行存单作为钱付给别人一样。

（6）燃料费：它运行于以太坊区块链上，每次存取款即进行一次交易时，用户要自己支付相应的燃料费。

（7）COMP 治理代币：整个 Compound 借贷平台由整个社区通过 COMP 治理代币的投票与授权来进行治理。

在 Compound 借贷平台上有三种用户角色，除了存款人、贷款人之外还有清算人（liquidator）这一角色。当一笔贷款出现抵押不足、需要被清算时，清算人可以替贷款人还贷款，他们将获得抵押物。如果抵押物在未来几天发生价格上涨，他们将因此获利。有了这样一个机制，存款人的资产安全和整个系统的资产安全就得到了保证——贷款永远有超额抵押。

在传统的银行中，通常并不需要这样的"清算人"的角色，因为通常银行自己承担了这个角色。但是，当一家银行的存款坏账过多时，清算人角色也是有的，它就是资产管理公司，它接受银行的坏账，进行处置。通过引入清算人角色，Compound 将借贷业务中的所有角色都移到了链上。

Compound 中的智能合约与通证

接下来，我们再来看看 Compound 中智能合约和通证在技术上的使用情况。在 Compound 中，银行的角色被拆分了：资金管理被智能合约取代，存与贷被智能合约取代，坏账处理被清算人取代。Compound 这个借贷协议实现像银行一样的存款、贷款功能，但它并不需要完成建立一家银行那些复杂的任务，它做的是，编程实现如下两种智能合约：

第一类智能合约是主控程序，其中主要的是所谓的"审计官合约"（Comptroller）。它是这家银行的风险管理部，根据用户在 Compound 的存款决定他有多少贷款额度。它记录评估一个用户需要多少抵押物，决定一个用户是否要被清算。每当用户与一个借贷市场交互时，审计官合约就会被询问是否同意这一交易。

第二类智能合约是针对每一类资产的借贷市场，比如"WBTC 借贷合约""DAI 借贷合约""USDT 借贷合约""ETH 借贷合约"等。当一个用户要存入某种资产、借贷某种资产时，他要做的就是去和相应的智能合约（也就是借贷市场）交互。WBTC 即所谓的 Wrappered BTC，是将比特币进行包装之后映射到以太坊的数字资产，是一种基于 ERC20 标准的通证。

现在，Compound 有 9 个借贷市场，用一家传统的跨国银行做类比，Compound 这家银行像分别为美元、日元、港币、黄金等不同资金或资产各提供了一个借贷市场。不同的是，对每种借贷市场，Compound 仅仅靠一个智能合约就能实现。一个特定的借贷市场智能合约实现了资金池保管、存款业务 / 贷款业务等功能。审计官合约通过每个用户在系统中的用作抵押的资产余额决定他在相应借贷市场中可用的借贷额度。

借助以太坊这条区块链的安全性、借助它的价值计算机制和编程语言，Compound 用几个数百行的智能合约就实现了传统银行花费大量财力、物力、人力才能实现的功能。

这种分布式金融科技版的"银行"有三个传统银行不具有的重要特点。

第一个特点是去中心化。

由于存款与贷款功能是完全由程序实现的，在链上自动运行，无须人的干预（也无人能干预），它带来的效果就是所谓的去中心化。在区块链金融的世界中，类似传统银行的这个中心角色不再需要了。我们对银行这样的中心化机构的信任被对一系列智能合约组成的所谓中心化借贷协议的信任所取代。

智能合约可以在无人干预的情况下实现可信的资金保管，这也是去中心化的体现。

第二个特点是重构时间粒度。

金融是时间的机器，对时间粒度的改变至关重要。在区块链上，你可以借一笔款项，然后在几分钟或几十分钟后就归还。这是 Compound 等借贷平台与传统银行的重大不同。

在传统金融中，我们普通人很难跟银行申请一笔只用一天的贷款，因为审批流程可能比一天都长。在银行间市场，由于有相应的机制，银行或金融机构可以实现隔夜借贷，以紧急补充资金不足的情况。但是，时间粒度很难再进一步减小。

在区块链上，在极端设计中，你甚至可以在一个区块时间内完成贷款与还款，以太坊的一个区块间隔时间是约 15 秒。区块链中有一种特殊的贷款叫"闪电贷"（Flash Loan），其功能是，如果你在一个区块的开始借入资产，在这个区块打包前归还资产，你可以在无须抵押的情况下借出几乎无限的资金。其原理是，在一个区块里完成借与还实际上并未变更区块链账本中的所有权状态，因此你可以在极短时间借出无穷多的资金。

第三个特点是可编程性与可组合性。

这些借贷协议是运行在区块链上的代码，我们可以用网页界面与它们交互，就像用户使用传统银行的网络银行一样。不过，如果你会编写代码，你可以自己编写代码与接口直接交互。

更重要的是，这些区块链上的各种智能合约还可以用代码连起来，形成复杂的金融产品。比如，你可以把 WBTC 存入 Compound，得到名为 cWBTC 的存单。然后，你把这些存单投入到区块链上其他的去中心化金融协议，比如类似于共同基金的所谓收益聚合器，从而获得更多的投资回报。这就是去中心化金融的可编程性与可组合性。

接下来，我们以 Compound 借贷平台为例来介绍所谓治理代币。

我们仍以一家传统银行做类比：银行会发行股票给股东，股票的价值对应的是银行作为一家商业公司的股东价值。持有股票的股东每年可以获得分红。通过股东大会投票，股东能对银行的重大事项进行决策。股东也可以把自己的股票转卖给其他人。

在区块链金融的世界中，我们可以成为一家借贷平台的股东吗？Compound 用治理代币 COMP 让存款人、贷款人这些用户也在某种程度上成为它的股东。当然，这种所谓的股东和传统银行股东的内涵是非常不同的。

这个变化主要发生在 2020 年，Compound 向存款人、贷款人分发治理代币 COMP。当你在它的一个借贷市场存款时，你实际上是在为它提供流动性，当你从中借款时，你也为这个借贷市场的发展做出了贡献。Compound 按照贡献分配治理代币给用户，也邀请他们参与关于 Compound 发展方向的决策，这在区块链中通常称为"治理"（governance），这就是为什么 COMP 被称为治理通证。

2020 年年初，Compound 开始用社区治理取代原来的团队管理。2020 年 2 月 27 日，它发布了《Compound 治理》公告。4 月 16 日，新的治理方式上线，它的治理是通过 COMP 治理代币来实现的。2020 年 6 月 16 日，Compound 的全新治理方式完成最后一步，也就是向用户分发 COMP 治理通证，分配是通过其第 6 版的审计官合约实施的。

- 4 229 949 个 COMP 治理通证被放入蓄水池合约，每个区块会转出 0.5 个 COMP 到 Compound 协议，以分配给用户。

- 这些通证会按照各个借贷市场累积的利率来分配。当借贷市场的情况发生变化时，分配比例也会相应地发生变化。

- 在每个借贷市场中，50% 的 COMP 分配给存款人，50% 的 COMP 分配给贷款人，这些分配会实时进行，按照每个人在市场中的存款、贷款余额分配，与市场中的利率不相关。

总结如上讨论，Compound 由三个部分组成（见图 2-22）：

- Comptroller 审计官合约，它是借贷平台的总控角色。

- 一系列 cToken 合约，它们运转着一个个借贷市场。

- COMP 治理通证合约，掌控整个项目的治理权。COMP 向用户的分配由审计官合约完成。

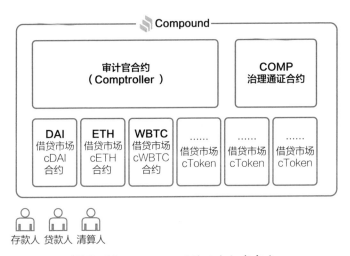

图 2-22 Compound 的三个组成部分

这样的三个组成部分我们将在 DeFi 项目中持续地看到，横向对比如表 2-1 所示。接下来，我们讨论闪兑平台 Uniswap，看看它在工程上的设计巧思。

表 2-1 横向对比 DeFi 项目的组成部分

项目	总控	市场	治理
Compound 借贷	审计官合约（Comptroller）	cToken 合约	COMP 治理通证
Uniswap 闪兑	工厂（Factory）合约	交易对（Pair）合约	UNI 治理通证
Yearn.Finance 聚合投资	控制员合约（Controller）	yVaults + Controller+ 投资策略	YFI 治理通证
MakerDAO 稳定币	稳定币合约	DAI 通证合约	MKR 治理通证

Uniswap：用智能合约完成通证兑换

闪兑平台 Uniswap 实现的功能是，用户可以借助它完成两种通证的市价兑换。这种兑换是去中心化的，其实现机制也被称为自动做市商机制，这是从交易如何达成的角度对其所做的阐述。我更愿意用"流动性兑换池（Liquditiy Pool）+ 兑换（swap）"来描述 Uniswap 等一系列产品的组成结构。

对于普通用户来说，Uniswap 的兑换功能和界面相当简单直观：按市场价格将一种通证（A）兑换为另一种通证（B）。背后的实现原理却与我们过去所知的如股票交易所等类似系统大为不同。它不是一个撮合平台，让用户在其上与另外的用户进行兑换，即采用所谓的 Peer-to-Peer 模型，它是用户与兑换池（也就是流动性兑换池）中的通证 A、通证 B 完成兑换，即采用所谓的 Peer-to-Pool 模型。使用它的方式是，当用户要用通证 A 兑换通证 B 时，他将通证 A 放入兑换池，然后按照某种价格取走相应的通证 B。

Uniswap 的独特创新是确定价格的机制，这也被称为"恒定乘积自动做市商算法"。假设兑换池中通证 A 的数量为 x，通证 B 的数量为 y。用户兑换后，通证 A 的数量变为 x'，通证 B 的数量变为 y'。所谓恒定乘积自动做市商算法是，用户兑换前与兑换后 x 与 y 的乘积保持不变。

用户兑换前：$xy=k$

用户兑换后：$x'y'=k$

我们假设有一个通证名为 CLS。在 CLS/ETH 的兑换池中，兑换前的 x、y、k 分别为：1000、0.1、100。

$xy = k$

$1000 × 0.1 = 100$

兑换前价格：1ETH = 10 000 CLS

如果用户输入 0.01ETH，试图兑换 CLS。兑换后，y' 将变成 0.11，则 x' 变成 909.09，这样就可以保持乘积不变。因此，在不考虑燃料费、兑换平台收取的交易费的情况下，输入 0.01 ETH，将获得 90.909 CLS。

$x'y'=k$

$909.09 × 0.11 = 100$

实际兑换价格：1ETH = 9091 CLS

在 Uniswap 中有两类用户：

- 第一类是普通的兑换交易用户，用一种通证兑换另外一种通证。

- 第二类是所谓的流动性提供者（liqudity provider），他们向交易对的兑换池按规则注入一对资产，让第一类用户的兑换能够完成。

流动性提供者向兑换池注入资产时遵循的要求是：两种资产的价值相等，两种资产的汇率是当前市场价格。每次有人向兑换池新注入资产后，恒定乘积自动做市商算法会重新计算，得到一个新的恒定乘积 K 值。当普通用户用 Uniswap 进行兑换时，他们需要支付一定的费用作为交易费，当前的交易费率为 0.3%，这些交易费现在全部分配给了流动性提供者作为报酬。流动性提供者将资产存入流动性池的理由是获得交易费奖励作为回报。另外，在 Uniswap 发行了治理通证 UNI 之后，它向其中一些交易对的流动性提供者发放 UNI 形式的奖励。

Uniswap 实现了以太坊创始人维塔利克·布特林的一个设想："自动化在中心，人类在边缘。"这个兑换平台的自动化运行是由四个要素支撑起来的：

- 流动性兑换池：其为每组兑换创建一个流动性兑换池，由两种通证组成，其数量分别是 x、y，两者的总价值（数量 × 价格）相等。任何人都可以为流动性兑换池提供流动性：也就是向相应智能合约转入价值相等的一对通证。

- *xy=k*：当有人要由一种通证兑换另一种通证时，它实际上是从流动性兑换池中购买，购买的价格由公式 *xy=k* 确定。在每次兑换前后，*k* 保持不变。

- 费用及奖励：兑换者需要支付 0.3% 的交易费，现在全部由流动性提供者获得。在未来，可能变成：0.05% 由 Uniswap 协议获得，0.25% 由流动性提供者获得。

- 治理通证 UNI：它发行治理通证 UNI，用其奖励一些交易对的流动性提供者。协议的重大事项由治理通证的持有者提出提案、投票决策。

Uniswap 的智能合约实现同样非常简洁（见图 2-23），它主要由四个智能合约组成：工厂合约（Factory 合约）、交易对合约（Pair 合约）、路由合约（Router 合约），以及 2020 年新增的 UNI 治理通证合约。它仅靠前三个合约就完成了现在支持数千种通证兑换的功能，其中，工厂合约与交易对合约是核心，路由合约的存在只是让对它们二者的调用更为便捷。交易对合约相当于一个模板，任何人都可以直接调用工厂合约，然后根据交易对合约模板建立起一个实际使用的交易对合约，用以进行比如通证 A 与通证 B 的兑换。图为 Uniswap V2 的智能合约，2021 年 5 月上线 Uniswap V3 的智能合约结构大体相似。

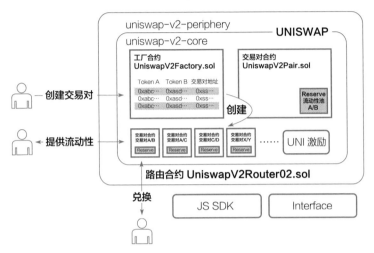

图 2-23　Uniswap 的智能合约结构

Uniswap 闪兑平台运转的最小单元就是各个交易对的智能合约：

- 每一个交易对，都有一个交易对合约实例。

- 每一个交易对合约，都管理着这个交易对的流动性提供者
  的资金。

- 每一个交易对合约都有一个自己的 LP Token（Uniswap V2
  是 ERC20 标准，Uniswap V3 是 ERC721 标准）。

比如对于 ABC/ETH 交易对，流动性提供者获得 ABC/ETH LP
Token 作为凭证。当我作为流动性提供者提供由一对通证组成的
流动性资金时，智能合约会生成一些 ABC/ETH LP Token 给

我；当我赎回流动性时，对应数量的 ABC/ETH LP Token 会被销毁。

通过对借贷平台 Compound 与闪兑平台 Uniswap 的拆解，我们可以看到，利用分布式金融科技技术（DeFi），精巧地组合智能合约和通证（包括资产通证、本金与利息通证 cToken、流动性池的份额通证 LP Token、治理通证），我们可以在区块链上实现原本需要复杂的技术基础设施与团队组织才能实现的金融功能。我们可以说，在 2020 ～ 2021 年，DeFi 让我们预先窥见了未来价值互联网的模样。

3. 区块链的四大特征
——从高处观察区块链

在用比特币和以太坊了解了区块链系统的基本构成之后,接下来,我们试图站到更高处看它。如图 2-24 所示,我们看到,构成区块链的是四个要素:去中心网络、分布式账本,再加上让这两者运转的共识机制与经济激励。区块链完成的基本功能是去中心化的价值表示与价值转移,通证是区块链上的价值表示物。

承上启下的是区块链的四大特征:不可篡改、唯一性、智能合约、去中心自组织。这里,我们用智能合约代表区块链独特的可编程特性:部署后严格按预设规则运行,它被外界触发后可改变区块链账本的状态,即在人与人之间进行价值转移。

区块链不只是技术,它还将从经济、管理、社会层面带来变化,它可能会改变人类交易的方式，如改变货币、账本、合同、协同等，这是我们将在第 4 章中讨论的。

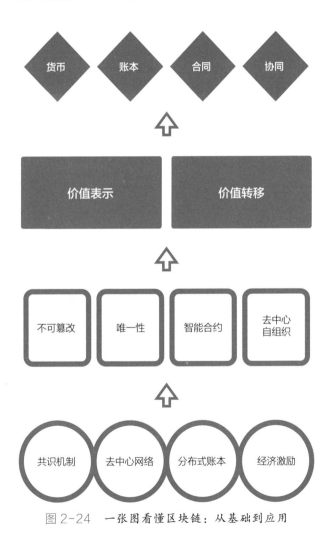

图 2-24　一张图看懂区块链：从基础到应用

接下来，我们分别讨论区块链的这四个基础特征，并对区块链进行更多鸟瞰视角的探讨。

区块链的四大特征之一：不可篡改

区块链最容易被理解的特征是不可篡改。不可篡改是基于"区块 + 链"的独特账本而形成的：存有交易明细数据的区块按照时间顺序持续加到链的尾部。要修改一个区块中的数据，就需要重新生成它之后的所有区块。

共识机制的重要作用之一是使得修改大量区块的成本极高，甚至几乎是不可能的。以采用工作量证明的区块链网络（比如比特币、以太坊）为例，只有拥有 51% 的算力才可能重新生成所有区块，变更数据。但是，破坏数据并不符合大算力玩家的自身利益。这种实用设计增强了区块链上数据的可靠性。

通常，在区块链账本中的交易数据可以视为不能被"修改"，它只能通过被认可的新交易来"修正"。修正的过程会留下痕迹，这也是为什么说区块链是不可篡改的，篡改是指用作伪的手段改动或曲解。

在现在常用的文件和关系型数据中，除非采用特别的设计，否则系统本身是不记录修改痕迹的。区块链账本采用的是与文件、数据库不同的设计，它借鉴的是现实中的账本设计——留存记录痕迹。因此，我们不能不留痕迹地"修改"账本，只能"修正"账本（见图 2-25）。

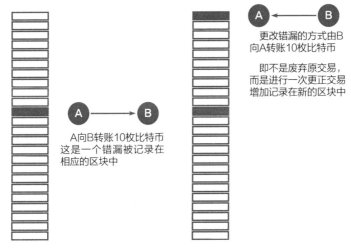

图 2-25 区块链账本"不能修改、只能修正"

区块链的数据存储被称为"账本",这是非常符合其实质的名称。区块链账本的逻辑和传统的账本相似。比如,我可能因错漏转了一笔钱给你,这笔交易被区块链账本接受,记录在其中。修正错漏的方式不是直接修改账本,将它恢复到交易前的状态,而是进行一笔新的修正交易,你把这笔钱转回给我,当新交易被区块链账本接受时,错漏就被修正了。所有的修正过程都记录在账本之中,有迹可循。

将区块链投入使用的设想之一正是利用它的不可篡改性。农产品或商品溯源的应用是将它们的流通过程记录在区块链上,以确保数据记录不被篡改，从而提供可追溯的证据。在供应链领域应用区块链的一种设想是，确保接触账本的人不能修改过往记录，从而保障记录的可靠性。

2018 年 3 月，在网络零售集团京东发布的《区块链技术实践白皮书》中，京东认为，区块链技术（分布式账本）的三种应用场景是：跨主体协作、需要低成本信任、存在长周期交易链条。这三个应用场景所利用的都是区块链的不可篡改性。多主体在一个不可篡改的账本上协作，降低了信任成本。区块链账本中存储的是状态，未涉及的数据的状态不会发生变化，且越早的数据越难被篡改，这使得它适于长周期交易。

区块链的四大特征之二：唯一性

不管是可互换通证（基于 ERC20 标准），还是不可互换通证（基于 ERC721 标准），又或者是其他通证标准的通证，以太坊的通证都展示了区块链的一个重要特征：表示价值所需要的唯一性。

在数字世界中，最基本的单元是比特，比特的根本特性是可复制。但是价值不能被复制，价值必须是唯一的。之前我们已经讨论过，这正是矛盾所在：在数字世界中，我们很难让一个文件是唯一的，至少很难普遍地做到这一点。这是现在我们需要中心化的账本来记录价值的原因。

正如我们已经讨论的，区块链实现唯一性的方式既是巧思又是必然。它不是试图让一个数据文件不可以复制，而是延续了传统经济中的用账本记录与管理财产所有权的方式。但它又带来了巨大的变化：用去中心节点组成的网络、节点的共识机制取代原本保管账本的中心化机构；用共识机制维护的分布式账本取代过去的中心化账本。

比特币系统带来的区块链技术，可以说第一次把"唯一性"普遍地带入了数字世界。2018 年年初，中国的两位科技互联网企业CEO 不约而同地强调了区块链带来的"唯一性"。腾讯主要创始人、CEO 马化腾说："区块链确实是一项具有创新性的技术，用数字化表达唯一性，区块链可以模拟现实中的实物唯一性。"百度创始人、CEO 李彦宏说："区块链到来之后，可以真正使虚拟物品变得唯一，这样的互联网跟以前的互联网会是非常不一样的。"

区块链的四大特征之三：智能合约

从比特币到以太坊，大变化是智能合约的出现（见图 2-26）。比特币系统是专为一种数字现金设计的，它的脚本可以处理一些复杂交易，但有很大的局限性。维塔利克创建以太坊区块链时，他的核心工作都是围绕智能合约展开的：一个图灵完备的脚本语言、一个运行智能合约的虚拟机，以及后续发展出来的各个通证标准对应的标准化智能合约。

智能合约的出现使得基于区块链的两个人不仅可以进行简单的价值转移，还可以设定复杂的规则，由智能合约自动、自治地执行。这极大地扩展了区块链的应用可能性。如我们在讨论DeFi时看到的，利用智能合约，我们可以进行复杂的数字资产交易。

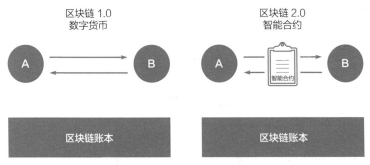

图 2-26　区块链 2.0 的关键改进是"智能合约"

在讨论以太坊时，我们对智能合约进行了很多讨论，在此不再赘述。这里再借维塔利克的讨论，重复一下我们认同的智能合约的定位——它相当于一种特殊的服务端后台程序（daemon）。在以太坊白皮书中，维塔利克写道："（合约）应被看成存在于以太坊执行环境中的'自治代理'（autonomous agents），它拥有自己的以太坊账户，收到交易信息，它们就相当于被捅了一下，然后它就自动执行一段代码。"智能合约的执行流程如图 2-27所示。

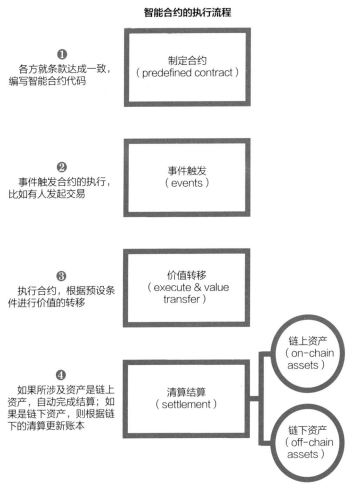

图 2-27 智能合约的执行流程

2018 年，徐忠、邹传伟发表论文《区块链能做什么，不能做什么》，提出了区块链的经济学解释，即 Token 范式，他们用图展示了区块链的应用原理（见图 2-28）。他们用区块链边界、共识边界将世界分成三圈：其内核是去信任（trustless trust）环境，包括共识机制算法、Token 的状态和交易、智能合约。在共识边界与区块链边界之间，是区块链内记录的可信信息（与 Token 的状态和交易无关的信息）。在区块链边界之外，是链外的资产或权利、链外的信息。

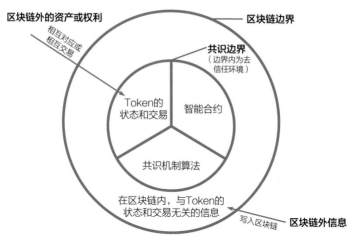

图 2-28　区块链的"Token 范式"

资料来源：徐忠、邹传伟，《区块链能做什么，不能做什么》，中国人民银行工作论文，2018 年第 4 期。此文后发表于《金融研究》2018 年第 11 期。

所谓 Token 范式可以理解为，用通证作为数字资产的表示物，在高度信任环境中进行交易与交换等各种经济活动。这些交易与交换是通过智能合约在链上协调完成的。

区块链的四大特征之四：去中心自组织

区块链的第四大特征是去中心自组织。到目前为止，主要区块链项目的自身组织和运作都与这个特征紧密相关。很多人对区块链项目的理想期待是，它们成为自治运转的社区。

匿名的中本聪在完成了比特币的开发和初期的迭代开发之后，就完全从互联网上消失了。但他创造的比特币系统一直在持续运转：无论是比特币这个加密数字货币、比特币协议（即它的发行与交易机制）、比特币的分布式账本和去中心网络，还是比特币矿工和比特币开发，都去中心化、自组织地运转着。

我们可以合理地猜测，在比特币之后出现的众多修改参数分叉形成的竞争币、硬分叉形成的比特币现金（BCH），可能都符合中本聪的设想。他选择了"失控"，失控可视为自治的同义词。

到目前为止，以太坊项目仍在维塔利克的"领导"之下，但正如本章一开始讨论的，他是以领导一个开源组织的方式引领着这个项目。维塔利克可能是对去中心自组织思考得最多的人之一，他一直强调和采用基于区块链的治理方式。2016 年以太坊的硬分叉是他提议的，但需要通过链上的社区进行投票，获得通过方可施行。在以太坊社区中，包括 ERC20 等在内的众多标准是社区开发者自发形成的。

在《去中心化应用》一书中，作者西拉杰·拉瓦尔（Siraj Raval）

还从另一个角度进行了区分，他的这个区分有助于我们更好地理解未来的应用与组织。他从两个维度看现有的互联网技术产品：一个维度，在组织上是中心化的还是去中心化的；另一个维度，在逻辑上是中心化的还是去中心化的。他认为："比特币在组织上去中心化，在逻辑上集中。"而电子邮件系统在组织上和逻辑上都是去中心化的（见图 2-29）。

图 2-29　比特币在组织上去中心化，在逻辑上集中

资料来源：《去中心化应用》，西拉杰·拉瓦尔 / 著。

组织上去中心化、逻辑上集中，这再次让我们看到比特币系统的去中心化，不是没有中心，而是用一个网络取代单一中心化机构。这正是维塔利克·布特林的理想设想："自动化在中心，人类在边缘。"

在设想未来的组织时，我们心中的理想原型常是比特币的组织：

完全去中心化的自治组织。但在实践中，为了效率，我们又会略微往中心化组织靠拢，最终找到一个合适的平衡点。现在，在通过以太坊的智能合约创建和发放通证，并以社区方式运行的区块链项目中，不少项目是介于完全的去中心组织和传统的公司之间，也就是介于图中比特币与 PayPal 之间。

在 2020 ～ 2021 年，去中心化金融生态中众多生态项目已经进行了去中心化自组织（DAO）的探索，将项目的治理权转交给由所有治理通证持有者共治的 DAO 机制，由抵押、投票等方式来进行重大事项的决策。这是让自己向比特币一侧移动。

在讨论区块链的第四个特征去中心自组织时，我们已经在从代码的世界往外走，涉及人的组织与协同了。现在，各种讨论和实际探索也揭示了区块链在技术之外的意义：它可能作为技术基础设施支持人类的生产组织和协同的变革。这正是区块链与互联网是完全同构的又一例证，互联网不仅是一项技术，它还改变了人们的组织和协同。

区块链 3.0

价值云服务平台

基础公链：通用类	互联网平台 + 通证经济社区
基础公链：功能类	
基础公链：行业类	互联网应用 + 区块链应用
基础公链提供云服务	应用的融合

3.0 | 区块链 3.0
去中心化应用

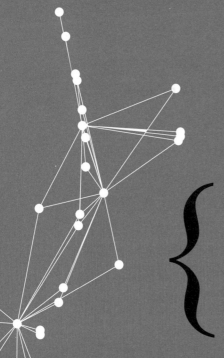

区块链 3.0
——是操作系统还是价值的云服务平台

2018 年的 EOS
——为应用而生

2021 年备受关注的波卡、Filecoin、Flow
改进以太坊
——以太坊 2.0 与二层协议

区块链应用的现在与未来

1. 区块链 3.0
——是操作系统还是价值的云服务平台

依据区块链实际发展的情况我们认为，区块链 1.0 是数字现金，区块链 2.0 是数字资产，而期望区块链 3.0 能成为应用的平台。那么，区块链 3.0 会是什么样的呢？

之前曾有人类比，区块链 3.0 是像操作系统一样的应用平台，而我们认为，区块链 3.0 的样貌更可能是价值交易的云服务平台。也就是说，不是把区块链看成运行应用的操作系统，而是把它看成类似亚马逊云（Amazon Web Services，AWS）、阿里云等的云服务平台。这类云服务平台将专注于提供价值交易的基础功能，人们可在其上构建各种价值的交易应用。

在本章中，我们将深入讨论更多的新兴区块链技术基础设施性的项目，以展示区块链 3.0 的可能前景。

更像云服务的区块链 3.0

让我们回到区块链的技术演进历程中去看作为云服务的区块链 3.0。

在区块链 1.0，即比特币的时期，为了创建一种新的数字货币，开发者修改比特币源代码，形成了新的区块链和替代币。

在区块链 2.0，即以太坊占据主导地位的时期，区块链的主要应用依然是创建数字货币，但不再需要建立自己的区块链及包括节点、开发者的全面生态，而是可以编写以太坊的智能合约，在其上创建通证。

这些通证在技术上的有效性是靠以太坊区块链网络来保障的。以太坊曾把自己定位为一台"全球分布式计算机"。在《区块链革命》中，商业思想家唐·塔普斯科特这样写道："区块链上运行的所有计算资源，可以在整体上视为一台计算机。"

对于区块链 3.0，我们期望，除了管理链上原生的、映射自线上或线下的各种数字资产之外，在区块链上能进行复杂的价值交易应用，即从区块链 2.0 的一个个通证进化到区块链 3.0 的一个个应用（见图 3-1）。区块链 3.0 不再只是一台全球计算机，而更可能是很多台全球计算机组成的价值互联网。

区块链 3.0 要成为"应用的平台"，会使得它的基础模型可能和已知的以太坊模型有不小的差别。

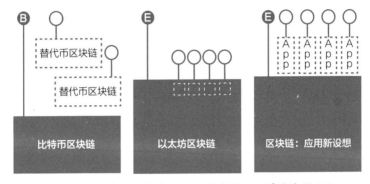

图 3-1　区块链如何应用：从区块链 1.0 到区块链 3.0

从区块链 2.0 到区块链 3.0，现在人们关注的焦点往往是性能问题，比如以太坊计划通过改用 PoS 共识机制 Casper 和分片（Sharding）技术来提升性能，又如 EOS 采用 DPoS（委托权益证明）机制来提升性能。

但是，为了让区块链可以变成应用的平台，架构的变化同样重要。

一个个应用（App）可能有两种存在方式：可以把它们看成区块链操作系统上的软件，它们用的是一条区块链的分布式账本和去中心网络；可以把这些应用看成类似于一条条链，它们有着自己的分布式账本与去中心网络。现在看，区块链 3.0 更可能是一系列链的叠加与连接。

未来区块链 3.0 的整体构成方式可能类似于现在的云服务。亚马逊云等云服务的出现，是亚马逊把自己的基础设施通用化，向所有人开放：①开发亚马逊云的软件系统；②部署和维护一个包括数十万台服务器的计算机网络;③为其他公司与开发者提供云计算软件服务。现在的各个作为基础公链的区块链项目,做的正是云服务:以开源软件系统、分布式账本、去中心网络为基础,提供一系列与价值有关的云计算服务。

对应用的开发者来说,在云服务出现之前,要开发一个网站或应用,要自己架设和运维服务器。对价值应用的开发者来说,要搭建自己的一条区块链。有了云服务之后,我们可以选择与组合的一系列云服务,快速实现自己的应用功能,每个应用都像有自己独立的一条区块链。

我们可模仿网络服务或云服务,称这一系列的软件服务为价值网络服务或区块链云服务。当然,区块链云服务与现有的云服务也有很多不同:

- 它提供的云计算软件服务是基于分布式账本与去中心网络的。

- 软件系统通常不是由一家公司开发,而是由社区开发的,以开源方式发布。

- 去中心网络不是由一家公司运维,而是由不同主体出于经济激励而自主提供的。

- 一系列云计算软件服务也不是由一家公司提供,而是由社区提供的。

有人曾以移动互联网类比，认为区块链领域将可能出现类似苹果的 iOS、谷歌的安卓等的移动操作系统。在展望区块链的应用平台时，操作系统是合适的类比吗？

以操作系统来类比区块链容易得出的推论是，未来可能只有少数几个区块链系统会成为产业的主导，就像曾经在桌面计算机、服务器和移动操作系统领域发生的一样：桌面操作系统是 Windows 与 macOS，服务器操作系统是 Windows Server 与 Linux 等，移动操作系统是 iOS 与安卓。

在 2016 年出版的《商业区块链》一书中，区块链专家威廉·穆贾雅以"数以百万计的区块链"作为一个小节的标题。从整体上，他展望的未来图景是："随着公有、私有、半私有、特殊目的以及其他类型区块链的增长和扩散，数以百万计的区块链世界将会实现。"这种说法展现了最有可能的区块链未来图景。

比特币区块链的大量替代币与后来比特币的多个分叉币让很多人担心，这反过来让他们认为多条链是错误的发展方向，他们坚持认为应该只有一条区块链，也就是最初的那条比特币区块链。之后，以太坊成为被接受的主要区块链之一，且看起来会有更多条区块链存在，但人们仍在不断地与操作系统的发展情况类比来预测区块链，他们认为区块链中会有两三种主要的链。

但我逐渐意识到，威廉·穆贾雅的"数以百万计的区块链"可能才是区块链的未来。

走向应用平台的五条路径

让区块链成为应用的平台有多种思路，下面来分别看看。

联盟链与 BaaS [⊖]

以超级账本（Hyperledger）为代表的联盟链软件是重要思路之一，它由 IBM 最初提出与研发，现在由开源软件组织 Linux 基金会管理，是开发区块链应用的重要软件平台。中国也推出一些拥有自主产权的联盟链，例如趣链推出的 Hyperchain、金链盟与微众银行推出的 Fisco BCOS。

与以太坊等公链是完全开放的、任何人都可以接入不同，联盟链则需要经过许可才可以接入，也称为许可链（Permissioned Blockchain）。参与到区块链系统中的每个节点都需要经过许可，未经许可的节点无法接入。联盟链有其特定的用途，比较适合大型公司在自己的内部部署使用，或者部署后在自己的产业链生态中邀请合作伙伴接入。联盟链也可能由产业联盟共同发起与部署。

在 2020 年，蚂蚁集团将原蚂蚁区块链升级为"蚂蚁链"，其包括一系列云服务产品，技术上有蚂蚁链 BaaS、蚂蚁链的开放联盟链、多方安全计算、分布式身份服务等，场景上有区块链合同、可信存证服务、授权宝身份授权服务等。

不过我们认为，要让区块链真正成为应用的平台，主航道还是比

⊖ BaaS（Blockchain as a Service），区块链即服务。

特币与以太坊所开辟的所谓基础公链赛道。它们的目标是开发一条通用功能或专一功能的公链，任何人无须许可就能接入。基础公链领域可以再细分成三类：通用类、功能类与行业类。

基础公链：通用类（general）

在这条路径上，以太坊已经做了开创性尝试且仍在持续发展。它是完全通用的。类似的项目还有不少，其中热门的有 EOS、小蚁（NEO）、新经币（XEM）等。按到现在为止的产品情况来看，对 EOS 的设计思路的简单描述或许是：一个更快、更好、更适合应用开发的以太坊。波卡也是重要的通用类的基础公链，但特别地，它把重心放在了支持多条链的互通互联上，也就是跨链功能。

基础公链：功能类（functional）

基础公链的另一路径是开发专门用于某类功能的区块链，比如市值处于前 20 名的有专用于物联网的 IOTA 等。区块链的经典项目之一是 Steem 区块链及其博客平台 Steemit，它是专用于数字内容的，在中国有类似的数字内容项目，如币乎。中国区块链社区巴比特开发的比原链（Bytom）是专用于数字资产交换的。

基础公链：行业类（sectoral）

基础公链的又一路径是开发专用于某个行业的区块链，充分考虑行业特点提供相关的功能，比如保险、供应链金融、游戏、政务等。例如，总部位于上海的唯链（VeChain）是一个基于区块链技术的商品 ID 管理云平台，并以 BaaS 的形式为企业级用户提供商品资产管理、追踪溯源、防伪校验、新型供应链管理等。

基础服务

除以上之外，还有一大类新区块链项目的目标是做技术的基础设施，可称为基础服务（basic services），如跨链、分布式存储、预言机、数据索引等。

随着去中心化应用的出现，分布式文件存储就成为一个需要解决的问题，因此星际文件系统（InterPlanetary File System，IPFS）及 Filecoin 等项目备受关注。Filecoin 在 2020 年完成主网上线，开始正式运转。另外，The Graph 为以太坊等区块链提供了基于 GraphQL 的索引与检索功能，预言机领域的龙头是 Chainlink 等。

综上，在通向区块链 3.0 即应用平台的路上，大体上出现了五条路径：通用类基础公链、功能类基础公链、行业类基础公链、联盟链与 BaaS 及基础服务。在本章稍后的部分，我们将以案例形式讨论几个通往区块链 3.0 的技术项目典型案例。

「**专题讨论**」从多个网到多条链

雷纳特·卡桑辛（Renat Khasanshyn）曾展示他基于联盟链理解的区块链应用的未来。现在的各类系统，比如相互连接在一起的金融系统，是由多个中心化的数据库组成的。用区块链技术来改造这些系统，他的设想是，在合适的地方用相应的区块链取代原来的数据库与业务系统（见图3-2）。从中可以看到，中心化的数据库与业务系统分别被区块链所取代。

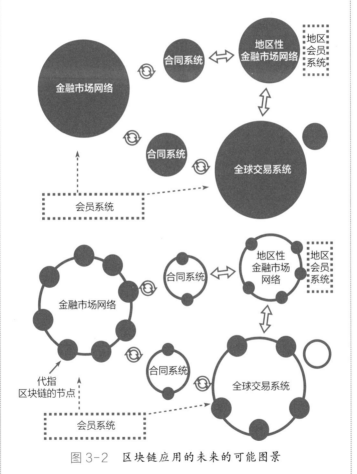

图3-2　区块链应用的未来的可能图景

注：图片改编自 Renat Khasanshyn 及 Open Blockchain White Paper。

就像现有的系统由多个数据库以分散的方式连接在一起，新的系统是由多条区块链组成的，它们又以某种方式连接在一起。要注意的是，这里绘制的是几乎所有中心化的数据库都被去中心化的区块链所取代，而实际情况可能是，适用区块链技术的会被区块链取代，适合中心化的仍保留原有的状态。比如当前在区块链中，多条链之间的资产交换的有效方式主要是高度中心化的交易所。

2. 2018 年的 EOS
——为应用而生

在 2018 年，EOS 曾被认为是区块链 3.0 的主要竞争者。它是由 Block.one 公司开发的一个新的区块链软件系统，其目标是将一切去中心化（decentralize everything）。从 2017 年年中开始，经过一年的代币众筹后，EOS 于 2018 年 6 月 15 通过由数十个区块生产者（block producer，BP，又称超级节点）组成的社区上线了主网，EOS 主网这条主要的区块链开始正式运转。EOS 这个基础公链可说是为应用而生的，其发展虽不如预期，但其系统设计是一类典型的区块链设计。

EOS vs. 以太坊

了解 EOS 的方式之一是拿它与以太坊、比特币进行比较。

从开发目标上来讲，比特币、以太坊、EOS 是渐进的，重心分别是货币、合约、应用。以太坊、EOS 均是借鉴与延续了之前的思路重新开发,以太坊是比特币的改进,EOS 是以太坊的改进。

这里先用比喻的方式来对比比特币、以太坊、EOS(见图 3-3)。

	比特币 (Bitcoin)	以太坊 (Ethereum)	EOS
所属阶段	区块链1.0	区块链2.0	区块链3.0
功用	数字货币	智能合约 (通证)	应用
共识机制	PoW (工作量证明)	现在:PoW 未来:PoW+PoS	DPoS (委托权益证明)
区块生产	挖矿节点	挖矿节点	超级节点 (BP、区块生产者)
性能TPS 系统的交易吞吐量	<10	≈15	数百至数千 宣称达百万
编程	比特币脚本 UTXO	图灵完备的脚本语言 Solidity	C++/Rust/Python/ Solidity
虚拟机	n/a	EVM	WASM (Web Assembly)
开发支持	n/a	主要支持智能合约	支持账户、存储等
进一步改进	闪电网络等 (Lightening Network)	分片 (Sharding)	n/a
类比	黄金挖矿	高速公路	房地产开发

图 3-3　比特币、以太坊、EOS 的对比

比特币的设计思路类似于黄金。在数字世界中，按工作量证明共识机制，挖矿节点进行计算竞争，获得比特币形式的挖矿奖励。挖矿节点也可以获得交易费收益，在比特币网络中的资产价值高，但交易并不频繁，交易费收益目前在矿工收益中的占比并不高。

以太坊的设计思路类似于高速公路。在这条收费高速公路上，车辆行驶需要付费。它早期募集资金，建设这一高速公路，所以早期投资者享有高速公路的主要权益。之后，一起建设与维护高速公路的节点计算机也可以获得挖矿奖励与交易费收益。在以太坊网络中，由于各类项目已经基于它生成了大量的通证，且交易量相对较多，因此节点计算机获得的交易费收益占比高于比特币。

EOS 的设计思路则类似于房地产开发。Block.one 公司将土地预售给开发商，它用获得的资金进行整个区域的基础性开发，此后每年再以类似填海造田的方式增加 5% 的土地出来[⊖]。EOS 的繁荣主要取决于，已经竞购得到大量土地的开发商是不是能够开发和经营好自己的地块。另外 EOS 网络要依靠超级节点来各自建设、共同运营，这些节点共同获得每年 1% 新增发的 EOS 作为回报。

⊖ 在编写本书第 2 版时，EOS 生态的发展并不如几年前人们预期的那么成功，原因有二：第一，我们用类比说的已经竞购了大量土地的开发商没有能力进行有效的开发；第二，整体上区块链产业应用的发展落后于预期，EOS 的特性没有用武之地。但根本的原因或许是，EOS 生态的发起者和主导者 Block.one 公司阻碍了这个生态的发展，它在过去几年中非常缺乏进取心，人们认为它只是简单地持有募集来的比特币等待升值。

当然，用以上类比方式讨论只是为了便于理解。EOS 实际的情况是：Block.one 公司募集资金开发了一个名为 EOSIO 的开源软件。EOS 社区用这个软件来运行 EOS 主网，从逻辑上来讲，这个主网并非由 Block.one 公司运行，而是由社区运行。另外，其他人也用 EOSIO 这个开源软件建立替代网[⊖]（altnet）。

为什么 EOS 有超级节点竞选

EOS 所采用的共识机制是 DPoS，即一些节点在获得足够多的投票支持后，成为见证人（witness）节点或 EOS 中所说的区块生产者，负责区块链的区块生成。

对于比特币系统，任何人都可以接入网络，用算力竞争记账权利，生成区块，而对于 EOS，只有超级节点才有资格生产区块。这是因为两者所采用的共识机制不同：比特币和以太坊采用的是 PoW 共识机制，而 EOS 采用的是 DPoS 共识机制。

围绕 PoW 与 DPoS 的比较，讨论主要集中在能源消耗、效率、安全等方面，但我们也可以从去中心网络形成的角度来看，为什么 DPoS 是一种可行的选择。

基于区块链的思路开发的软件系统有以下三个关键要求：

⊖ 替代网是一个模仿替代币而创造出来的新词。在社区运行的 EOS 主网之外，EOS 鼓励其他人用 EOSIO 开源软件架设新的区块链网络，这些区块链网络类似于替代币的替代网。替代币是与比特币无关的，类似地，替代网也与 EOS 主网无关。

- 性能。它的去中心网络的整体性能能否支撑大量应用？

- 网络。它的共识机制、经济激励和社区运营能否吸引足够多的节点加入，形成一个安全、可靠的去中心网络？

- 功能。无论目标是通用类、功能类还是行业类，它是否提供了应用开发所需要的必备功能？

一个基础公链成败的关键正是由性能、网络与功能三点决定的（见图3-4）。EOS已经在性能和功能上做了很多努力，而DPoS共识机制与超级节点竞选是EOS在"网络"这个角上所做的努力。

图3-4　基础公链的三角：功能—性能—网络

对比特币网络和以太坊网络来说，在较长的周期内，它们以挖矿经济激励的方式，逐渐地吸引了足够多的节点加入。对于一些基础公链区块链项目，由于各种原因，它们的主要节点是由基金会或关联方运行的。其中较为典型的是小蚁（NEO），它拥有较大的交易吞吐量（TPS），但官方节点只有不到 10 个。在 2017 年 12 月的报告中，NEO 理事会提到了其网络的去中心化计划，并解释道："我们希望至少有 3 个节点由外部的实体运行……去中心化的初期阶段：2 个节点将由 City of Zion 运行，1 个节点将由社区运行，并由社区资助（独立于基金会），2 个节点将由以盈利为目的的区块链公司运行，2 个节点将由 NEO 理事会运行。"

EOS 则用超级节点竞选的方式来刺激形成一个活跃的去中心网络，并且超级节点竞选是与其共识机制 DPoS 高度匹配的。按现在的设计，获得投票的 21 个活跃生产者和 179 个候补生产者一起生产 EOS 这条区块链的区块，即运行这个区块链网络。这些区块生产者是动态的，时刻根据投票动态调整。

从 2018 年年初到 6 月 15 日 EOS 主网上线，围绕超级节点的竞争已经显示，这个机制相对成功地调动了众多参与者竞争，促成了 EOS 去中心网络的形成。

EOS 的体系架构：与比特币、以太坊的对比

在讨论以太坊时，我们对比了比特币和以太坊的架构差异，现在，EOS 被认为是区块链 3.0 的有力竞争者，我们再来看一下这三者体系架构的差异，如图 3-5 所示。

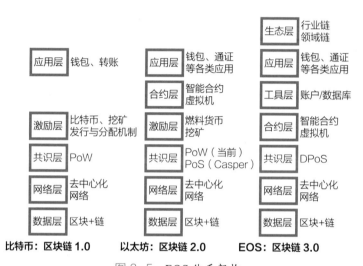

图 3-5 EOS 体系架构

在最基础的层次——数据层和网络层上，EOS 与比特币、以太坊并没有多大的区别。

EOS 的共识机制采用了与之前较为不同的 DPoS 共识机制。由于采用 DPoS 共识机制，EOS 网络的激励层就可以看成不再单独存在（图中也未表示出来）。EOS 网络每年新增发 5% 的 EOS 币，其中 1% 按一定的规则分配给区块生产者，另外 4% 进入社区的提案系统（worker proposal system）资金池待分配。

EOS 智能合约和以太坊略有差异，但基本上采取了相似的设计。EOS 的应用也与以太坊相似。因此，对于合约层和应用层，两者是相似的。

EOS 体系设计的创新在于工具层和生态层。

为了让 EOS 适用于应用开发，EOS 团队为它设计了账户、持续化数据库等工具与接口。因此，这里延续唐煜等所做的分类，认为在合约层和应用层之间存在一个工具层，这使得在 EOS 区块链上开发应用更为便利。

EOS 的另一个特殊设计在于，它将自己的 EOS 主网和 EOSIO 软件分开，鼓励开发者采用 EOSIO 软件建立行业专用、领域专用的区块链网络，并在其上建立自己的一系列应用。因此在其体系架构的最上层出现了一个生态层，这一层是采用 EOSIO 软件的各种区块链，比如专为游戏、物流、金融、社交、能源、医疗开发的链。

「冷知识」关于 EOS 的主要开发者 BM

EOS 的主要开发者是区块链的传奇人物丹尼尔·拉里默（Daniel Larimer），他的网名为 ByteMaster，在网上他也被称为 BM。BM 开发了三个主要的区块链项目，EOS 是第三个（见图 3-6）。

BM 开发的第一个主要区块链项目是比特股（Bitshares X，BTS），这个项目创建了一个去中心化的银行和交易所，使用区块链账本来创造可互换的数字资产，这些资产可以市场化，锚定美元、黄金、汽油等任何东西的价值。

丹尼尔·拉里默（BM）

 DPOS

图 3-6　丹尼尔·拉里默开发了三个主要区块链项目
　　　　与一个共识机制

这个区块链的共识机制正是所谓的 DPoS 共识机制。DPoS 是
BM 于 2013 年 12 月 8 日提出的，在同年 7 月他已经利用这一
共识机制开发了比特股。比特股的 DPoS 共识机制被抽象成
了石墨烯（Graphene）框架，在业界被广泛使用，技术文档参
见：http://docs.bitshares.org/。

BM 开发的第二个主要区块链项目是内容区块链 Steem 及其博
客平台 Steemit。在加密数字货币发展的初期，这个博客平台
激励了很多关于数字货币、区块链的内容写作。Steem 区块链
所采用的共识机制也是 DPoS。

BM 曾经与中本聪在邮件组进行交流，并提出要改变比特币的

PoW 共识机制，以让交易进行得更快。中本聪在回应了去中心化的重要性后，给 BM 的回应成为比特币与区块链世界的名言：如果你没理解或者不相信，我也没空去说服你，抱歉。（"If you don't believe me or don't get it, I don't have time to try to convince you, sorry."）在中文世界，这几句话也被戏称为区块链世界的信条："爱信信，不信滚。"

BM 曾透露，自己的理想是"找到一个能够保障人们生活、自由和财产安全的自由市场方案"（to find free market solutions to secure life, liberty, and property for all.）。

2021 年 1 月初，BM 宣布辞去 Block.one 公司 CTO 一职，离开 EOS 区块链项目。这对于 EOS 和他个人都是重大打击，因为这是他在比特股、Steem 后又一次在项目发展不顺的情况下抛弃原有的项目抽身离去。

「冷知识」一张图理解 EOS

从比特币到以太坊，再到 EOS，它们背后的组织渐趋复杂。比特币处在完全自运行的状态。以太坊是由以太坊基金会来开发软件和运行该区块链网络。出于各种原因，EOS 显得更为复杂。初看，它至少包括以下三个部分。

第一，EOSIO 软件。这个开源软件是由 Block.one 公司开发的。当然严格来说，这是一个社区开发的开源软件，任何人都可以参与开发、提交代码。

第二，EOS 通证。EOS 通证由 Block.one 公司在以太坊上按 ERC20 通证标准发售。按发售条款，发售获得的 ETH 资金归属 Block.one 公司所有。历时一年的发售于 2018 年 6 月 2 日结束，之后，EOS 通证被映射到上线的 EOS 主网上，它现在是 EOS 主网的原生代币。

第三，EOS 主网。通过竞选，一批区块生产者被选出来，它们启动 EOS 主网。EOS 主网于 2018 年 6 月初由 EOS 社区上线。但可以合理地推测，在 EOS 社区中，Block.one 公司有着非常大的影响力。

在主网之外还出现了一些采用 EOSIO 的区块链，它们可被视为 EOS 替代网。EOSIO 是一个开源软件，Block.one 公司也支持各方使用这个开源软件来架设自己的区块链网络。

到此我们可以看到，EOS 的组成部分与多数基础公链项目相似，包括三个部分（一条链、一个通证、一个开源软件）：EOS 主网、EOS 通证、EOSIO 开源软件。EOS 主网也是由分布式账本和去中心网络组成的。与其他基础公链的一个较大不同是，它鼓励更多的人在 EOS 主网之外使用和运行 EOSIO 开源软件。

如图 3-7 所示，EOS 的主网包括三层：最核心层是由区块生产者组成的 EOSIO 核心网，中间层是 EOSIO 接入网，外层是 EOSIO 用户。

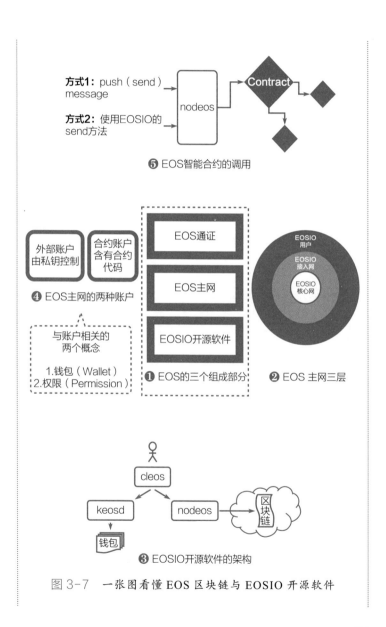

❺ EOS智能合约的调用

方式1: push（send）message

方式2: 使用EOSIO的 send方法

nodeos

Contract

❹ EOS主网的两种账户

外部账户 由私钥控制

合约账户 含有合约 代码

与账户相关的 两个概念

1.钱包（Wallet）
2.权限（Permission）

❶ EOS的三个组成部分

EOS通证

EOS主网

EOSIO开源软件

❷ EOS 主网三层

EOSIO 用户

EOSIO 接入网

EOSIO 核心网

cleos

keosd

nodeos

钱包

区块链

❸ EOSIO开源软件的架构

图 3-7　一张图看懂 EOS 区块链与 EOSIO 开源软件

EOSIO 开源软件包括一系列软件,其中主要有以下三个:

- nodeos,EOS 的核心程序,它是 EOS 节点的后台程序。

- cleos,管理 EOS 区块链和钱包的命令程序。

- keosd,管理 EOS 钱包的程序。

EOS 主网的账户包括两种:外部账户(由私钥控制)和合约账户(含有合约代码)。与账户相关的概念是钱包与权限,钱包是保存私钥的客户端,而权限包括两个基础权限类别(owner与 active),应用可自定义各种权限。

EOS 的智能合约

EOS 的智能合约是关联在各个合约账户上的。在 EOSIO 系统中,"合约"沿用了区块链的专业术语,但其含义更接近于 Linux 操作系统的后台应用,比如节点在启动时会包括四个缺省合约,如 eosio.bios、eosio.token 等。

一个账户通过转账等动作触发另一个合约账户中的合约运行之后,这个合约可以通过软件代码调用其他的合约。

EOS 智能合约现在是用 C++ 语言编写的,文件格式分别为 *.hpp/.cpp,编译后变为 WebAssembly 格式文件 WASM(.wast)与应用头文件(*.abi)。

> 一句题外话，按目前披露的技术规划，以太坊 2.0 的下一代虚拟机采用的也是 WebAssembly（WASM），名为 eWASM（Ethereum flavored WebAssembly）。不过，在目前的应用上开发，以太坊现有的虚拟机 EVM 仍占据主导地位，在稍后讨论以太坊扩容时我们将再做探讨。

为应用而生的设计

接下来，我们将重点讨论 EOS 的其中三个为应用而生的特别设计：用户免费、账户体系、存储。

特别设计之一：用户免费

在讨论应用所需的条件时，EOS 白皮书写道："用户不必为了使用平台或从平台的服务中受益而付费。"

用户免费是 EOS 相对比特币、以太坊区块链而言的显著差别。在比特币、以太坊中，普通用户如果进行转账交易等操作，需要支付相应的交易费，而 EOS 把承担这个费用的压力转移给了应用的提供者。

对于如何做到对用户免费，EOS 的设计关键是如下两点。

（1）用户不用直接向区块链付费，而由应用来处理。

在以太坊区块链网络中，你要将以太币或其他基于 ERC20 标准的通证转移给别人，作为交易的发起人，你需要自己设定一个交易燃料费（Gas），给区块链网络直接付费，从而让以太坊网络能处理这一交易。

EOS 的设计逻辑是基于这样的假设："没有任何网站要求访问者为维护服务器而支付小额费用。因此，去中心化应用程序不应该强迫它的用户为使用区块链而向区块链支付直接费用。"

为了应用便于用户使用，它的建议方案是，应用自行解决费用，最终用户使用区块链网络是免费的。

（2）将交易成本与通证价值区分开来。

在以太坊区块链网络中，我们支付交易费用的是以太币，随着以太币价格的涨跌，交易成本就随着这个通证价格来波动。EOS 的设计逻辑是："将交易成本与通证价值区分开。"

EOS 区块链网络的做法是：一个应用拥有的带宽、计算、状态等资源，与其持有的通证数量有关，但由于不需要消耗通证，因此在一定程度上可视为与该通证的价值或价格无关。

如果我们作为应用开发者，并不持有足够多的通证，则 EOS 区块链网络还提供一种租用机制，这个机制是"将资源能力授权出去"（delegating capacity）：通证的持有人可能不需要立即消耗可用带宽的全部或部分资源，他们可以选择将未消耗的带宽委托或租赁给他人。

特别设计之二：账户与权限体系

EOS 与比特币、以太坊的一大不同点是，它允许用户创建一个不超过 12 位长的用户名，这个用户名代表的是用户的账户。

比特币区块链根本就没有账户的概念，比特币只有地址；以太坊设计了账户，但远没有 EOS 这么完备的账户权限相关功能。以太坊引入了账户的概念——以太坊账户。以太坊包括两类账户：由私钥控制的外部账户和合约账户。EOS 账户系统与之相比则要复杂得多，它更像银行的账户系统，或者互联网应用（比如谷歌、微信等）中的账户系统。

下面来看看 EOS 账户系统的构成。

一个 EOS 账户系统可以发送动作（action）给另一个账户，而每个账户都可以设定一个处理器（handler），来自动处理发送给自己的动作。动作和处理器的结合，就是 EOS 的智能合约（见图 3-8）。

每个账户都有自己的内部数据库（private database），这个账户内部的内部数据库只有自己的动作处理器可以访问。

EOS 系统还提供了一个标准的基于角色的权限系统（role based permission management），这使得所有基于 EOS 开发的应用都可以采用这个账户体系与权限系统，而不必自己重新开发。

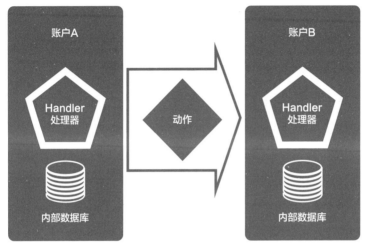

图 3-8　EOS 账户的交互：动作与处理器

在 BM 之前开发的 Steem 区块链中，基于角色的权限系统就被引入了区块链中，他在 Steem 中硬编码了三种用户权限：owner、active、posting。

EOS 对此进一步改进，对这个基于角色的权限系统进行了通用化，"允许每个账户持有者定义自己的权限层次结构以及动作的分组"，这样做就给了应用开发者更多的自由度。在 EOS 账户权限系统中有两个缺省的权限组：最高级别的缺省权限组是 owner，另外一个缺省权限组是 active，它可以做出除更改所有者之外的所有事。其他的权限组都可以由 active 派生出来，这些权限组用户可以自行定义。比如，我开发一个博客应用，我就可以自己定义一个 publish 权限组出来（见图 3-9）。

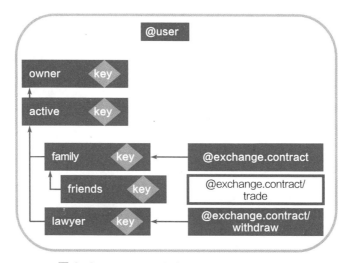

图 3-9　EOS 白皮书中的一个权限系统示例

特别设计之三：存储系统

我们都已经知道，只有与交易相关的信息应该存储在区块链的区块中，那么对于去中心化的应用，其他数据应该存储在何处呢？

绝大多数基础公链都没有解决这个看似是周边的问题，而聚焦于区块链的核心任务——交易。但为了让 EOS 更好地用于开发应用，EOS 在 2017 年 9 月就发布了 EOS 存储的独立白皮书，解释了它在存储方面的开发设想。

在讨论了星际文件系统（IPFS）、分布式存储项目（Filecoin、Maidsafe、Siacoin、Storj），以及现有的中心化存储（如DropBox、GoogleDriver、iCloud）等之后，它提出，用自己的通证与 IPFS 相结合，形成一个用于 EOS 应用开发的存储。

在 2017 年 12 月 12 日，EOS 团队发表文章，给出了他们建议的 EOS 应用开发架构（见图 3-10）。从图中可以看到，在该应用开发框架中，EOS 的应用是被建议存储在基于 IPFS 的 EOS 存储中的（即图中的 IPFS File Storage）。

EOS 是一个目标远大的技术系统，但当前的发展并不如预期，这可能正是因为它过于仰赖中心化的人（如主要创始人丹尼尔·拉里默）与机构（Block. one 公司）。在区块链的设计中，有一个知名的"不可能三角"（可参见图 1-12），它指出，一个区块链项目无法同时满足以下三个条件，最多只能同时满足其中两个条件：

- 可扩展性（scalability）。

- 去中心化（decentralization）。

- 安全（security）。

对比一下比特币和 EOS：比特币系统看重的是去中心化和安全，而牺牲了可扩展性；EOS 则选择牺牲了去中心化，而去追求可扩展性与安全。在 EOS 主网上线几年后再回头看，这可能不是一个好选择。有中心化倾向的区块链可能难以获得广泛的采纳，因为其他人会想，我为何要加入别人的"王国"呢？更糟的是，当位于中心的机构缺乏进取心时，整个生态的发展就会停滞不前。

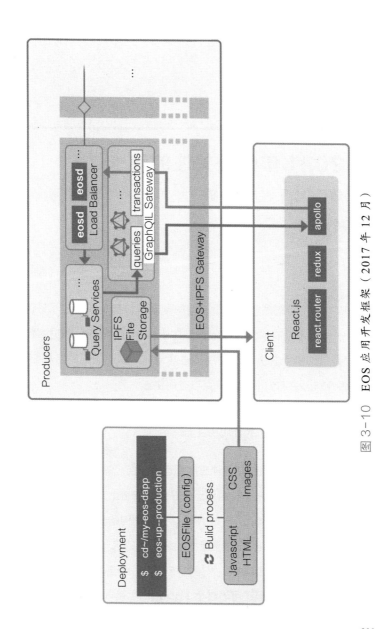

图 3-10 EOS 应用开发框架（2017 年 12 月）

3. 2021 年备受关注的波卡、Filecoin、Flow

在本节中，我们选择介绍几个典型的创新区块链项目：波卡试图构建一个多链的未来；Filecoin 专注于分布式存储网络的构建；Flow 是谜恋猫团队推出的专注于游戏与非同质化通证的区块链。我们将分别讨论它们的技术特点与应用生态。

波卡：成为多链未来的连接者

与以太坊、EOS 试图鼓励各种应用都运行在自己的区块链上不同，波卡设想了不一样的未来：应用运行在各自的链上，而波卡的角色是多条链的连接者。如图 3-11 所示，它试图构建一种多条链共存的状态，而自己成为多链的连接者，它自己的这一条主链被称为"中继链"（Relay Chain）。采用其技术的平行链（Parachains）可以直接接入，其他链还可通过桥（Bridges）接入。

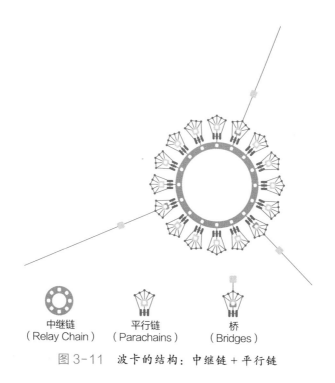

中继链
（Relay Chain）　　平行链
（Parachains）　　桥
（Bridges）

图 3-11　波卡的结构：中继链 + 平行链

波卡由 Web3 基金会开发，创始人为前以太坊 CTO 加文·伍德。他曾在采访中说："波卡是一个反对单链垄断的赌注。"换句话说，他所畅想的未来是一个多链共存互联的场景。

波卡自称其使命是"将单点连起来"（connecting the dots）。这句话是乔布斯的名言，在斯坦福大学毕业典礼上，乔布斯谈起"串起生命中的点点滴滴"的故事，他说："你在向前展望的时候不可能将这些片断串联起来，你只能在回顾的时候将点点滴滴串联起来，所以你必须相信这些片断会在未来的某一天串联起来。"

与以太坊等公链类似，波卡也有自己生态的原生代币——DOT。DOT 是波卡生态的治理通证，持有人对协议拥有治理权。DOT 也是生态内的价值凭证，可用于内部结算。一个平行链接入波卡网络有两种方式：一是支付 DOT，按需付费；二是长期租用一个所谓的插槽（slot），每次租期 6 个月。波卡大约可容纳 100 条平行链，预计将在接下来的一年中举行数次插槽拍卖。

在波卡生态中，有多种角色维护波卡中继链的安全性，它们也就是通常所说的共识机制的参与者，主要有四种：

- 验证人（validator），通过抵押 DOT，验证收集人的证据，并与其他验证人达成共识来保护中继链。

- 提名人（nominator），通过选择可信赖的验证人，并抵押 DOT 来保护中继链。

- 收集人（collator），通常指平行链节点，通过收集用户在一个平行链（分片）上交易，并为验证人提供证明来维护自身所在的平行链。

- 钓鱼人（fishermen），监控网络并将不良行为报告给验证人。收集人和任何平行链全节点都可以扮演钓鱼人的角色。

如果你选择在波卡生态中进行技术开发，主要选项是开发一个平行链。与以太坊或几乎所有的链相似，除了保障链的安全性之外，一条链还需要两种技术机制：一种是收集交易、生成数据区块的机制；另一种是改变链的账本状态的机制。对这些问题，波卡的解答是：安全性由中继链完成，即平行链从中继链租借安全性；平行链的收集人即节点担任交易收集和区块生成的角色；平行链有一个类似以太坊虚拟机的状态转换函数来改变链的账本状态。

如果我们作为开发者开发区块链，可以选用波卡提供的平行链开发套件，其中主要工具是 Substrate。波卡区块链能够备受关注、吸引很多开发者，在我看来有两个因素，分别是他的创始人加文·伍德和区块链开发套件 Substrate。加文·伍德是区块链领域最知名的技术开发者之一，他是以太坊技术黄皮书的撰写者与以太坊的主要开发者，他开发了以太坊的主要智能合约编程语言 Solidity，他也是以太坊的主要客户端软件 Parity 的公司创始人与首席程序员。他在离开以太坊项目建立 Web3 基金会后，一个重要的动作是推出了 Substrate 开发套件，2018 年在柏林的 Web3 峰会上，他现场演示了用 Substrate 在 30 分钟内从零开始开发一个区块链的过程。

正如其他主要公链会形成丰富的应用一样，目前波卡的应用生态也在扩张。在波卡生态中，主要 DeFi 形态如借贷、稳定币、去中心化交易、保险、合成资产（衍生品）、资产管理等均有了对应的产品。它在预言机、资产转接桥、钱包等基础工具方面也提供了多种选择。当前的波卡生态正处在人们预期前景会很好、纷纷涌入去建设的阶段。

IPFS 与 Filecoin：将文件存储去中心化

IPFS 是星际文件系统（InterPlanetary File System）的缩写，它是在互联网上文件存储也实现去中心化的一种尝试。

构建区块链技术的人们的一个目标是"去中心化"。以比特币系统为例，它试图实现一种电子现金系统，让两个人转账时不需要任何第三方可信中介，它的实现方式是，用去中心网络、分布式账本（也就是区块链）取代中心化机构和它维护的账本。IPFS 等去中心化存储的目标是：现在在互联网上，网页、图片、视频及其他文档是存放在某些中心化服务器上的，那么，我们能否类似地用一个分布式网络来替代这些服务器？

有些区块链应用开发者也希望实现如下的目标：一方面，将应用运行在分布式的区块链网络上；另一方面，如果这些应用也有网页、图片等文件的话，可以将它们部署在分布式存储系统中。

从原理上讲，IPFS 系统的做法是，将文件切分成小片，分布式存储，供用户使用。它将一个文件分成很多小片，然后存储在网络中众多的服务器中。当用户要获取这个文件时，系统将这些文件的小片组合起来。为了达到这个目标，这个系统需要确认这些文件的小片没有被变动过，也需要了解它们分别存储在什么地方。这些文件的小片在存储时是有冗余的，既要保证存储的整体效率，又要在某些服务器出问题时仍能在别处找到相应的小片。

以将一个图片存储到 IPFS 中为例，如图 3-12 所示。如图上半部分所示，一个图片实际上是由 0、1 组成的数据文件（Raw 原始文件），这个数据文件被进行 SHA256 哈希函数运算后，得到一个相当这个数据的指纹的哈希值（Digest），它可用来验证文件没有被改动过。同时，哈希值被进一步处理后用来作为文件的唯一标识符或寻址符号，它被称为 CID（content identifier）。实际的运行状况要复杂一些，如图的下半部分所示，原始数据文件被分成多个小片文件（chunk），各自进行哈希运算得到哈希值，生成 CID。最终，一个文件所对应的寻址符（base CID）由它的小片 CID 再组合而成，用户可以通过这个地址去获取整个文件。

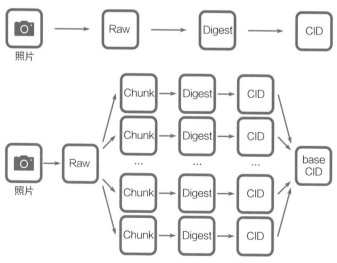

图 3-12　IPFS 原理：将文件分片分布式存储

IPFS 技术是由协议实验室（Protocol Labs）开发的，协议实验室也推出了与 IPFS 相关的区块链项目 Filecoin。IPFS 是一个基础性的技术，但在构建网络方面它有一个不足：节点可以根据自己的喜好存储数据，它们没有责任持久地保存数据。要激励众多分散的节点持久地保存数据，需要有一种经济激励机制。

Filecoin 所做的是，引入区块链的通证经济激励机制，来建立一个基于 IPFS 技术的、持久保存数据的分布式存储网络。IPFS 与 Filecoin 的创始人胡安（Juan Benet）表示，Filecoin 的使命是为人类信息创建一个分布式的、高效强大的基础。它构建一个基于 IPFS 的文件存储网络，这个网络要获得成功需要众多的节点共同运行。因此，用 Filecoin 通证（FIL 通证）来协调生态中节点、用户的行为。它构建一个存储市场，用户支付 FIL 通证购买存储服务，节点获得 FIL 通证奖励运行服务。节点参与这个网络，除了需要购买服务器之外，还需要抵押 FIL 通证，以获得参与的权利，以及在出错时有抵押可支付罚金。节点会因为对这个分布式存储网络的贡献，而获得 FIL 通证形式的奖励。

Filecoin 存储网络在 2020 年 10 月正式上线运行。它实际上由两个相关联的网络组成：一个是基于 IPFS 协议的存储网络，实现为用户提供存储的基础功能；另一个是由和以太坊其他主要区块链类似的区块链网络，负责这个存储网络的经济激励。

谜恋猫、数字艺术品、NFT 与 Flow 区块链

人们对区块链应用的一个设想是，用区块链上的通证来表示游戏道具、收藏卡、数字艺术品等。这就用到所谓的不可互换通证，其特点是一个通证和另一个通证是不一样的，不可以互换。在以太坊上，我们可以用 ERC721 通证标准来实现它。在 2017 年年底，曾经大火的谜恋猫就是用它来实现的。2020 年，在以太坊区块链上，NFT 类的应用再次爆发，出现了如 OpenSea、SuperRare 等数字艺术品交易平台。

谜恋猫的开发团队 Dapper Labs 在 2020 年推出为 NFT 专门定制的区块链项目 Flow。基于它开发的 NBA 球星卡吸引了数千名收藏者。阅读 Flow 区块链的技术文档，我的感受是：这个团队是热门应用的开发者，他们在做一个基础区块链时把开发者放在了首位，在编程语言、编程工具、技术文档方面均是如此。Flow 在最初推出阶段就提供了全面与连贯的工具。同时，他们从自身的场景需求（如游戏、音乐、收藏等）出发深入地考虑了用户可能遇到的场景。作为谜恋猫这样明星项目的开发者，他们也更容易吸引到类似的开发者来使用 Flow 区块链。

Flow 区块链提供的工具与组件包括：

- 智能合约编程语言 Cadence；

- 编程与互动环境 Playground；

- 区块链本地模拟器 Flow Emulator；

- 各编程语言的 SDK，如 Javascript、Go 等；

- 普通用户用的门户 Flow Port 等。

现在看，Flow 也许不是全功能的区块链，但它的确为特定的应用功能（比如 NFT、通证质押、交易市场）做了独特的优化。这也是为何我们在此特别提及它。

4. 改进以太坊
——以太坊 2.0 与二层协议

在过去几年，有多个区块链项目将以太坊界定为"区块链 2.0"，而后宣称自己是"区块链 3.0"的代表。但区块链的实际采纳情况表明，以太坊依然占据主导者的位置，是区块链 3.0 最有力的竞争者。在过去几年中，以太坊核心团队也在酝酿一系列的改变以提升性能，这通常被统称为"以太坊 2.0"。以太坊生态中的其他参与者也同时做出自己的尝试，站在 2021 年的视角看，其中受关注的是以 Rollup 为代表的二层协议与完全兼容以太坊的侧链。在本节中，我们为你梳理这些新近的变化。

以太坊 2.0

在过去几年，以太坊从现状走向下一阶段的关键设想是所谓"分片"。其背后的逻辑是，既然单一一条以太坊区块链在性能上有不足，那么将它拆成众多的小分片链（每个都可以完成以太坊上所要进行的代码执行任务），同时又用一条链将它连接起来。这其中将所有的小分片链连接起来的那条链，就是所谓的以太坊2.0的信标链（Beacon Chain）。与现有以太坊的共识机制采取PoW不同，信标链拟采用名为Casper的PoS共识机制。

在2020年1月，信标链正式上线，这标志着向以太坊2.0的演进正式启动。用户可以用不可逆的方式将以太币兑换到信标链，变成所谓的BETH，之后他可抵押32枚BETH，成为信标链的验证者。通常，以太坊2.0的规划被分为四个阶段：阶段零，2020年信标链上线；阶段一，2021年分片；阶段二，2022年新的以太坊虚拟机eWASM；阶段三，2022年以后的持续升级。

以太坊2.0是一个三层链组成的结构（见图3-13）：

- 以太坊主链，采用PoW共识机制。

- 以太坊信标链，采用PoS共识机制。

- 以太坊分片链（多个），每个分片有自己的状态数据存储与执行代码的虚拟机。

我们可以看到，以太坊2.0与波卡有着类似的结构：如果一条链的性能不够，那么就将计算任务分散到多个链。整个生态的安全性（即区块链账本记录有效、账本不被篡改）由主要的链来承担。

这个主要的链在以太坊生态是现有的以太坊主链与信标链的组合，在波卡生态是波卡的中继链。在大型互联网公司提供的联盟链与BaaS 服务中，我们也看到类似的结构：整条链的安全由底层提供，而其上部署的各个"链"只负责应用。

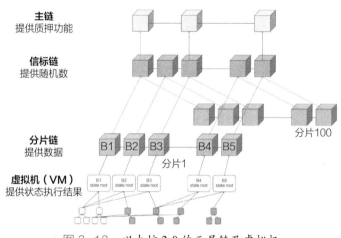

图 3-13　以太坊 2.0 的三层链及虚拟机

资料来源：以太坊研究团队 Hsiao-Wei Wang。

迄今为止，以太坊 2.0 的开发已经持续了几年，且还将有好几年的开发过程，这是一个路线既定的、长期性的大型开发项目。但在 2019 年年底某个时候，情况似乎在发生一些变化。以太坊基金会每年提供资金资助进行技术探索的一些公司与个人，在2020 年春季的资助中，它资助了名为 ZK Rollup 的一项新技术。其中 ZK 代表的是零知识证明，Rollup 是将一系列交易以独特的数据结构组合起来形成一个证明存放在链上。在整个 2020 年，围绕 ZK Rollup 与 Optimistic Rollup 这两种技术有很多讨论。

在 2020 年年底的一次以太坊核心技术团队举行的在线会议上，据说以太坊创始人维塔利克沉默了 4 分钟。在这 4 分钟里，他究竟在想什么我们不得而知。我们可以看到的是，他随后专门撰写了好几篇相关的技术文章，讨论 Rollup、零知识证明、以太坊的状态存储扩容。在 2021 年 1 月 5 日他撰写的技术文章的开头，他写道："Rollup 在以太坊社区风靡一时，在可预见的未来，它将成为以太坊解决拥堵问题的最关键方案。"目前，Rollup 是最被寄予厚望的以太坊性能提升的方向。

从以太坊使用者的角度看，以太坊 2.0 的长期规划赶不上现实需求。2020 年，以太坊上的去中心化金融（DeFi）应用开始爆发，到了 2021 年年初，以太坊上的燃料费涨到让人难以接受的程度，一次常规的 DeFi 操作可能会耗费用户数百美元。应用的爆发推动了技术的快速演进。这在 2021 年年初表现为二层协议与以太坊侧链两个热点领域。

二层协议

所谓二层协议，是区块链技术领域的特定说法，将一个主要区块链本身作为第一层（Layer 1），将其下的一层（即数据在网络中的传输机制）称为第零层（Layer 0），将其上一层称为第二层

（Layer 2）。这分别对应着扩展一个区块链的性能的三个方向。在第零层上改进是，加快数据在全网各个节点之间的传输速度。以太坊 2.0 的思路是着眼于第一层，通过改进让这一区块链本身的性能变得更好。二层协议的改进思路是，既然这一区块链性能存在不足，那么将一些运算移到链下去，由其他的区块链网络甚至中心化服务器完成（见图 3-14）。

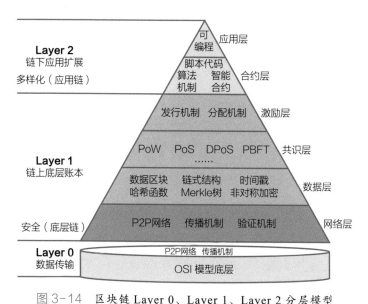

图 3-14　区块链 Layer 0、Layer 1、Layer 2 分层模型

资料来源：《区块链技术可扩展方案分层模型》，袁煜明、刘洋 / 文，2018年8月22日，火币区块链产业专题报告，火币区块链研究院。

对区块链性能的改进主要集中在第一层与第二层。第一层的改进思路有：①改进区块链的数据层，如增加区块大小、改进区块结构、改进链式结构等；②分片，将一条区块链分成多个分片链；③改变共识协议，如从 PoW 转变为 PoS、DPoS、PoA（权威证明）等。

第二层的改进思路有：①状态通道，如比特币的闪电网络，允许用户将多个转账在链下进行，等多方确认后将最终结果上链；②侧链、子链，以太坊的 Plasma 是其中的典型，任何人都可以创建自己独有的 Plasma 子链以支持自己的业务需求；③异构跨链，如波卡、Cosmos 等，它们试图将多种链连接起来，实现性能的提升。

维塔利克在 2021 年年初撰写的技术文章则是将 Rollup 列为上述第二层改进的一种新思路，且可能是主要思路。按他的测算，采用 Rollup 后，以太币转账的效率最大提升可达 105 倍，而 ERC20 标准通证的转账效率最大提升达 187 倍。

接下来，我们以 Rollup 为例讲述二层协议的原理，我们尽量用非技术的语言来解释原理。所谓的二层协议，就是将数据和计算从链上转移到链下。ZK Rollup 与 Optimistic Rollup 的做法是，既然链下可以大量增加计算能力，那么采用复杂的技巧用计算替代数据，将最终要存储到链上的数据减少到尽可能少。

这样的思路一次性解决了两个问题：一是在链下进行复杂的计算，解决了链上计算成本昂贵的问题；二是将最终要存到区块中的数据减到最少，使每个区块可以容纳更多的交易，从而提高了区块链的性能。按维塔利克的计算，这带来的改进是：以太坊 ERC20 资产转账成本约为 45 000gas，而利用 Rollups 进行 ERC20 资产转账则仅仅占用 16 字节的链上空间，消耗的燃料量低于 300gas。

要实现这一切有一个前提条件，就是即使仅将这少量数据（也就是运算结果）存储到链上，区块链的参与者依然可以按原有的安全标准监测欺诈，也就是不降低以太坊的安全性。

Rollup 的工作方式是，在以太坊上部署一个 Rollup 智能合约（见图 3-15），其中一个存储字节数非常小的状态根就包括了多个交易的信息。通过这个状态根，我们可以验证所有的交易。智能合约可以方便地验算新的状态根是不是符合计算逻辑，如果符合，则将它存储在链上。这其实就是 Rollup 这个说法的来源，将多个交易"卷起来"。

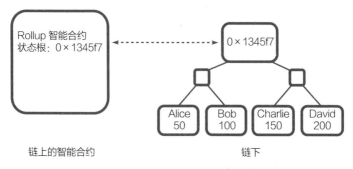

图 3-15　Rollup 的工作方式

资料来源：Vitalik Butterin, 2021.1.

接下来的问题是，如何判断这些交易卷起来的结果就是正确结果呢？这就形成了 Optimistic Rollup 与 ZK Rollup 两种方案，以下是维塔利克的比较：

- Optimistic Rollup，使用欺诈证明（Fraud Proofs）：Rollup 追踪状态根的所有历史和每批打包交易的哈希摘要。如果任何人发现某一批打包交易中存在问题，并且导致了错误的状态根，那么用户就可以通过向链上提交证明的方式将其揭露出来。Rollup 合约将进行验证，如果确定，则会回滚该批次的交易以及该批次之后的所有交易。（事后验证，如果出错则回滚修改。）

- ZK Rollup，使用有效性证明（Validity Proofs）：每批打包交易都包含一个称为 ZK-SNARK 的加密证明，用于证明状态根是执行新打包交易的正确结果。无论计算量有多大，这种方式都可以非常快速地在链上验证。（事前验证，保证记录的信息都是对的。）

除了性能之外，Rollup 带来的另一个重要变化是，将以太坊虚拟机（EVM）搬到链下，也就是搬到二层协议中去。因此，现在为以太坊开发的智能合约程序可以直接在二层协议中的 EVM 中更快、更便宜地运行，最后将结果提交到链上。应用的开发者显然很欢迎这样的方式，因为他们可以不更改自己的智能合约就让它们在二层协议中运行起来。

Rollup 目前仍在紧张的开发过程中，有多个技术团队正齐头并进。在 2021 年年初，Optimism 团队的 Optimistic Ethereum 已经开启公开的测试运行，知名的衍生品项目 Synthetix 已经进行了部署。

不过，以上这些解决方案还只是承诺在或近或远的未来会解决问题。现在马上就要面对这些问题的应用需要怎么办？

在 2020 年年中，一种新的解决方案出现了。这种解决方案在技术上看起来不那么"优雅"，在区块链技术领域，优雅的技术方案应当是去中心化的。2020 年年中开始兴起、2021 年初获得大量用户的解决方案却是中心化的。为了运行以太坊上的应用，一些公司推出了完全兼容以太坊的区块链（如火币生态链 HECO、币安智能链 BSC 等），以太坊的智能合约程序无须修改就可以在其中运行。他们以自己公司的资产与声誉做背书，将以太坊上的数字资产挂钩（pegged）到这些链上，其基本原理是在以太坊上锁定资产，然后在新链上生成等值的资产。

这些链通常采用的是 PoA 共识机制，每秒交易事务量、运算速度要快得多，同时交易成本极低。这是用降低去中心化程度换取更快的性能。某种意义上，这些链相当于是以太坊的侧链或子链。由于这些链完全兼容以太坊，拥有更高的性能、更低的燃料成本，2020 年大热的 DeFi 应用纷纷被复制到其上，形成了繁荣的应用生态。

5.区块链应用的现在与未来

类似于互联网，让区块链变得有用的所有期待都寄托在应用上，通常人们也称区块链应用为"去中心化应用"（DAPP）。在本节我们讨论区块链应用或所谓去中心化应用的架构，这是区块链落地应用的前沿，众人仍在探索。

在《区块链革命》一书中，唐·塔普斯科特展望道："我们在进入数字化革命的一个新纪元，人们可以进行分布式软件的编程和分享。就如区块链协议本身是分布式的那样，一个分布式的应用程序或去中心化应用程序会在很多计算机上运行，而不是在一个单一的服务器上运行。"

经过 20 多年的发展，我们都已经很熟悉信息互联网的网站或移动 App 是什么样的，那么，区块链的去中心化应用会是什么样的呢？

要理解区块链应用或去中心化应用，我们还是要从熟悉的事物谈起。

现在人们普遍认同，互联网将从信息互联网跨越到基于区块链的价值互联网。信息互联网的应用是网站与移动 App。在展望应用时，很多人自然地认为，在区块链上将出现原生的区块链应用或去中心化应用。

这样形成的结构如图 3-16a 所示：网站、移动 App 对应的是信息互联网，而所谓的区块链应用 / 去中心化应用对应的是区块链。早期应用的确呈现这样的状态，比如区块浏览器、每个区块链自己的钱包等。每一条区块链都是分布式账本与去中心网络，它们提供数据与功能。早期应用是与这些区块链进行交互的。

但我们很快发现，当普通用户要使用区块链时，应用可能变成类似于图 3-16b 的样子：网站与移动 App 中有一个与区块链进行数据和功能交互的"区块链应用"，而普通用户看到的其实还是网站与移动 App。我们甚至可以说，对于普通用户来说，可能根本没有什么区块链应用或去中心化应用，只有应用。

在做了以上整体探讨后，我们分别从用户视角和软件工程师的视角来看看，现在已有的区块链应用是什么样的。

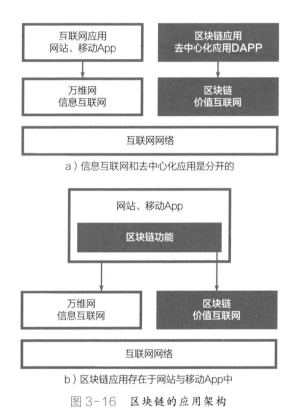

a）信息互联网和去中心化应用是分开的

b）区块链应用存在于网站与移动App中

图 3-16　区块链的应用架构

用户视角：区块链应用是什么样的

对现在的大多数用户来说，他们接触的第一个明确的区块链应用
是"钱包"，且主要是手机上的钱包 App。通过区块链钱包 App，
一个用户可以管理自己在各个区块链上的通证。

对于普通用户来说，一个钱包 App 的使用和其他 App 并没有多大的不同。不过，其中微妙的不同是我们要特别关注的。在以下的讨论中，为了区分，我们用"Wallet"来表示实际的区块链钱包，而用钱包 App 表示软件。

从技术上讲，现在的钱包 App 通常符合一系列标准：包括层级式确定性钱包标准（BIP-32）、助记词标准（BIP-39）、路径定义标准（BIP-43/44）。它们均支持多种区块链，比如全球较大的移动钱包 imToken 支持比特币、以太坊、EOS、波卡、Tron 等多种区块链。

下载开始使用一个钱包 App 后，你通常会被要求设置一个密码。要注意的是，这个密码与你的 Wallet 无关，它只是用于钱包 App 在本机的登录保护。

你正式开始使用时，会被要求注册一个 Wallet 或导入一个 Wallet。根据 App 中的指引，你将创建一个所谓的分层确定性钱包（或称"HD 钱包"）。掌控它的是助记词，钱包 App 会为你生成、并要求你用纸记录下来，通常是 12 个英文助记词。用户应当用纸张记录和保管好自己的助记词。这是因为，如果它被盗，别人可以直接进入你的账户、使用你的资产，而如果它遗失，没有任何人有办法帮你恢复自己的钱包。

这背后的工作原理是，各个区块链均遵循一致的标准流程：借助便于人类阅读和记录的助记词，钱包生成种子秘钥，再由种子秘钥生成符合各个链的地址与私钥。另外，对于某一区块链，有了助记词后，理论上我们可以按需生成无数对地址、私钥组合。

当我们使用钱包时，钱包做的是帮我们管理助记词、地址与私钥。当我们向其他人转账或与智能合约交互时，钱包帮我们用私钥进行签名，广播到区块链中。

虽然我们都知道，从原理上讲，一个区块链账户是由一对地址与私钥组成的，但在 HD 钱包成为行业的事实标准之后，普通用户通常很少再直接使用私钥，而是通过助记词来保管一系列的区块链账户。

学会使用区块链钱包，是每个区块链新用户要掌握的第一个技能。保管好助记词，避免助记词被盗或遗失，这是每个区块链新用户端都应掌握的。[⊖]

当完成了初始设置后，作为用户我们会感觉到，钱包 App 的使用和其他 App 软件一样，我们可以通过它完成自己想要进行的一系列区块链操作。以一些以太坊钱包 App 为例，我们可以做的是：

- 用地址接受其他人的以太币或基于 ERC20 标准的通证转账，或者向其他人转账以太币或基于 ERC20 标准的通证；

⊖ 在如上讨论中，我们的助记词和私钥是存储在钱包 App 中的。为了进一步增强安全性，我们可以购买和使用配套的硬件（这被称为"硬件钱包"），它类似于银行的 U 盾，我们的助记词和私钥被转移到了硬件中的加密芯片内，从而获得更高的安全防护。

- 接受或转出采用基于 ERC721 标准的非同质化通证，在一些钱包中它们被标识为收藏品（collectibles）。

- 在钱包内，我们可以访问一些去中心化金融应用网页（如借贷协议 Compound），与它的智能合约互动，向它转账数字资产进行存款、向它借贷数字资产。

以上讨论虽然主要是讲解区块链钱包的使用，但也想以它为例来观察未来区块链应用的可能形态。我们可以看到，钱包的结构正是我们在图 3-17b 中看到的，区块链的功能被嵌入常规的移动 App 之中。移动 App 的界面协助我们通过地址、私钥来与各个区块链及其上的智能合约进行交互。

工程师视角：区块链应用是什么样的

在"区块链 2.0"一章中，我们详细讨论了运行于以太坊上的借贷协议 Compound。从工程师视角我们看到，它的组成方式正是现在大多数区块链应用的架构。

Compound 的核心是运行于区块链上的智能合约，它的借贷业务逻辑是在智能合约中实现的。对 Compound 来说，这些智能合约就是它的审计官智能合约和一系列借贷市场智能合约。借贷市场合约可以完成借与贷的相关功能，如保管资金、接受存款、发放贷款、发放存款利息、收取借款利息，而审计官合约则判断用户在 Compound 系统中是否有足额抵押、可借款额度，它的功能相当于银行的风控部门。

用户使用区块链应用，是通过自己的地址、私钥与这些智能合约交互。以使用 Compound 为例，用户用地址、私钥这一对组合掌控自己的数字资产（资产 A），用户可选择将数字资产存入与之对应的借贷市场智能合约。按照审计官智能合约设定的规则，用户将获得一定的借贷额度。用户可以与另一种数字资产（资产 B）的借贷市场智能合约交互，借出一定数量的资产 B。

Compound 的网页界面是与智能合约完全分离的，它只是在智能合约之外包裹了一个易用的用户界面，让普通人也可以方便、直观地使用。实际上，如果你愿意的话，你可以直接编写代码与它的智能合约交互，或者通过每个区块链匹配的区块浏览器（如以太坊的 Etherscan 网站）提供的智能合约交互接口与 Compound 智能合约交互。在 Etherscan 网站，我们可以直接读取智能合约的信息，在连接了钱包之后，我们可以向智能合约直接发出指令，执行存款、提款等操作。

如图 3-17 所示，我们绘制一个简单示意图来展示区块链应用的逻辑。区块链业界在过去几年的应用探索中，逐渐形成的区块链应用的基本方式正是该图所展示的：用智能合约处理核心业务逻辑。区块链应用是将核心业务逻辑用智能合约代码表示出来，供用户使用。掌握了自己的地址与私钥的用户用三种方式与智能合约进行交互，将通证形式的数字资产存入智能合约或从中取出：

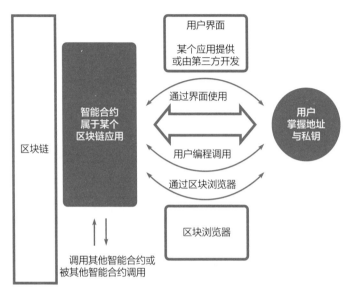

图 3-17　区块链应用的逻辑示意图

- 用户通过界面使用智能合约。

- 用户编程调用智能合约。

- 用户通过区块链浏览器与智能合约交互，包括写与读。

其他智能合约也可以调用这个智能合约，这也就是通常所说的区块链上的智能合约有可组合性（composability），智能合约就像一个个积木块，可以组合起来搭建各种可能的应用。

特别需要说明的一点，一个区块链是由众多节点组成的去中心网络，谈到与智能合约交互时，我们是通过某个节点来与区块链网络及智能合约交互。我们所接入的节点负责将我们发起的交易在区块链网络中广播出去。当所有节点通过共识机制确认后，这个交易才会被记入区块链账本。

在本书的一开始，我们说，区块链实现了价值表示与价值转移两种功能，并提供了一种价值表示物——通证。我们也说，区块链实现的是一种基于分布式账本的所有权管理系统，并由交易驱动账本的变化。在本节讨论区块链应用时，我们看到，区块链应用的主要用途是，将资产在区块链上表示为数字资产（可互换通证或不可互换通证），然后用智能合约创建与资产流转有关的应用，实现用户需要的金融、半金融、非金融等功能。

价值交易基础设施

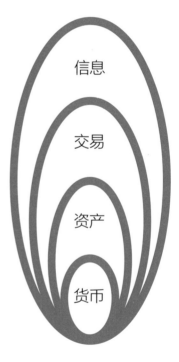

| 社区 |
| 平台 |
| 企业 |
| 市场 |

从平台到社区　　　　汇合于交易

区块链未来

交易的基础设施

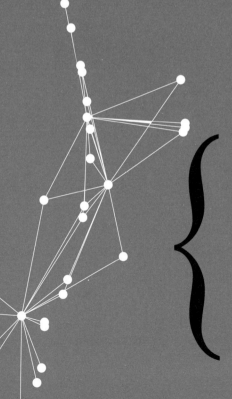

1. 交易

——我们在互联网上做什么

区块链为数字世界带来了价值表示和价值转移这两个基础功能，带来了具有唯一性、可用于表示价值的通证。区块链首先是一个适应数字世界的所有权管理系统，之后，随着区块链的发展，推出关于价值交易的应用将变得更为容易。

在本章中，我们将从更宏观的层面观察，区块链会给我们的经济与生活带来什么改变。

我们认为，区块链可能会成为全新的交易基础设施，它让互联网上一切有价值事物的交易都更可信地进行，即交易双方在无须信任的情况下，依托区块链技术形成高度信任，这可以大幅度地提升交易的效率，带来交易大爆炸。

过去数十年间，信息互联网改变了信息交换的那一半，而现在，基于区块链技术的价值互联网将变革交易的另一半，关于价值的那一半。

再从比特币说起：数字货币、数字资产、价值交易

比特币是一个专为电子现金设计的系统，它采用了一个只有数字现金才用得到的独特设计。现代的货币是存在于账本之中的，通过交易（发行的交易、转移的交易）来确认，比特币系统也是如此。在技术上，它采用分布式账本和去中心网络来实现，与物理世界中的中央银行和商业银行形成鲜明对照。

对如何在数字世界中实现去中心化的价值表示和价值转移，比特币系统完美地完成了概念验证。分布式账本和去中心网络让区块链与互联网中已有的业务数据库、中心化服务器形成对照。

在区块链技术与应用的过程中，务实的人开始意识到，我们主要需要的并不是与现行各国央行体系和全球金融体系相冲突的数字现金，而可能是在数字世界中如何表示资产，如何通过编程实现资产在不同主体间的转移也就是交易。

之后，区块链进入了 2.0，即以通证表示数字资产的时期。当资产以数字形式表示后，它开始具有数字化的特征：可以更方便地转移，可以编程处理，可以由程序代码来自动运行。当区块链处理的事物从"数字现金"变成"数字资产"时，各种可能性开始出现：

- 区块链有可能改变所有的财务账本。政府和企业所有与财务有关的账本所处理的都是资产。

- 区块链有可能改变财务账本之外的其他账本，比如房地产契约、证书等。

- 区块链有可能改变原本并不用常规账本管理的事物的处理方式，比如互联网上的社交互动等，唯一的条件是它们需要在人与人之间进行价值交换。

在物理世界中，资产或价值转移的方式是通过账本的记录。一直以来，在数字世界中，我们也在依靠中心化的信息中介来处理各种账本，而区块链带来的关键变化是，现在我们采用分布式账本与去中心网络，去掉了中心化机构。

数字资产时期有过度金融化的倾向，出现了极大的投机泡沫，我们为此大为担心，认为区块链这一极具前景的技术可能走偏了方向。以互联网为鉴，我们认为，区块链应当"超越金融，走向应用"。这会将我们带向区块链3.0，即以更复杂、更智能的方式进行广义的价值交易（见图4-1）。

从区块链1.0到区块链3.0，不变的是"价值的交易"，这是因为区块链是为数字空间中价值的表示、转移而生的技术，这也是互联网发展至今及我们全面走向数字化所需要的。

图 4-1　从货币到资产，再到应用

从信息互联网到价值互联网：在交易处交汇

我们可以从信息互联网和价值互联网的不同发展路径看交易。

信息互联网是从信息开始的。但正如所有人已经看到的，互联网的价值不是信息本身，而是交易：网络零售、服务交易、企业间交易。经过 20 多年的发展，在互联网上，人们想要进行的是交易，这一点非常明确。

但是，由于信息互联网的特点，现在所有的交易都是"中心化"的，需由一个可信第三方作为中介。问题是，现在信息互联网上的各种交易平台,在信息匹配上非常高效,但在做交易的信用中介上,是利用已有的技术勉强为之。

以区块链为技术基础的价值互联网,则是专门为价值表示和价值转移设计的,它在技术基础上是去中心化的。信息互联网从信息出发,价值互联网从货币出发,最终交汇融合在交易(见图 4-2)。有了区块链之后,互联网上的交易方式将大不一样,可能从中心化走向去中心化。

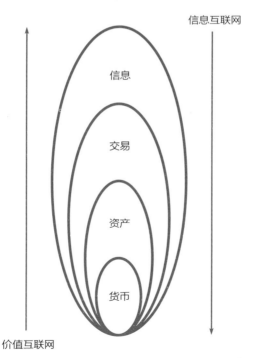

图 4-2 从信息互联网到价值互联网:在交易处交汇

总的来说，区块链 1.0 是关于货币的，区块链 2.0 是用通证表示资产，区块链 3.0 现在看起来是资产的复杂交易应用。在各种条件逐渐齐备之后，未来区块链会成为更广泛的价值交易的基础设施（见图4-3）。

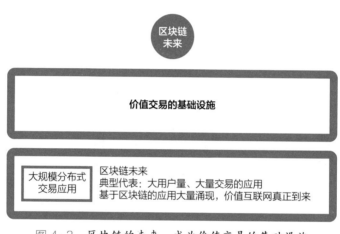

图 4-3　区块链的未来：成为价值交易的基础设施

区块链：再次变革互联网

梳理互联网产业发展史，我们可以看到，迄今为止，互联网改变每个产业领域的方式是，将产业变成以互联网平台来连接生产者与消费者的格局。如果在产业领域本来就有平台角色，比如在零售领域有超市、购物中心等平台，则互联网以效率更高、对消费者更便利的电商平台与移动电商平台取代它们。如果在产业领域本没有平台角色，比如在机票预订、餐饮外卖、打车出行等领域，在互联网化的过程中，互联网平台（如携程、美团、滴滴等）则会涌现。

互联网平台成为各个产业中的新的主导者，它们推动产业链升级迭代。在探讨中国与全球互联网产业的《平台时代》（方军、程明霞、徐思彦／著）一书中，我们认为，互联网平台是数字经济的主要资源配置与组织方式，我们试图揭示的是从市场到企业，再到互联网平台这样的演变历程。

近一个世纪前，发生了从市场到企业的跃迁。经过 20 多年的高速发展后，互联网平台的大规模涌现让我们看到，现在从企业到平台的跃迁也已非常明确。

让我们来细看从市场到企业，再到平台的变迁过程。

在 1937 年出版的《企业的性质》一书中，科斯提出"交易成本理论"，对企业的本质加以解释：使用市场的价格机能的成本相对偏高，因而形成了企业机制，它是人类追求经济效率所形成的组织。在之后的很多年里，大型企业是资源配置和商品生产的组织者，在各个产业生态中扮演着关键角色。

之后，很多大型公司（如波音、沃尔玛、耐克等）关注核心能力和最终产品，而把一些生产过程交由协作企业去完成，自己充当"价值交付平台"的角色。近几年，IBM 商业价值研究院在报告中指出，互联网社交化促进了"由企业驱动的价值交付链"向"由多方驱动的价值交付平台"转变。这种所谓的"价值交付平台"，是平台和企业的混合体。这类公司主要还是产品型公司，只不过以平台的方式生产产品。

当互联网、移动互联网时代到来后，互联网平台大量涌现，所有人都感受到新的阶段的到来：技术驱动的互联网平台成为产业中的主导者，产业链的主导者从"产品型公司"变成了"平台型公司"。在中国互联网产业中，最受关注的是阿里巴巴、腾讯、百度等基础性平台，它们不是直接从事生产，而是进行联结与匹配。因此，在进入 21 世纪之后，所有的因素综合起来，把我们带入了一个互联网平台主导的时期。

现在，区块链技术可能带来一些新变化。

一直以来，互联网平台扮演着两类中介角色（见图 4-4）：

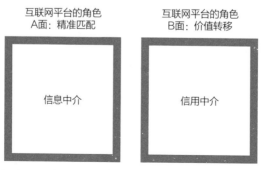

图 4-4　互联网平台的两个角色：信息中介和信用中介

- 信息中介，负责信息的匹配。

- 信用中介，负责价值的交换。

区块链的应用萌芽已经展示了一种可能，我们不再需要信用中介，信用中介所承担的常规功能可能会由价值互联网的底层来提供。对于互联网平台来说，区块链带来的变化是矛盾的两面：一方面，区块链有可能优化互联网平台的技术系统，优化它的市场机制；另一方面，区块链又可能推动所谓的去中心化平台的出现，让现有的互联网平台消失。比如，有人大胆预测，集中化的房屋短租平台爱彼迎（Airbnb）可能会被去中心化的爱彼迎（decentralized Airbnb，dAirbnb）所取代。这是因为，区块链可能重构信用中介的构成方式，甚至彻底消除信用中介，从而再次大幅度降低交易成本。

有人称这种变化的前景为分布式商业，也有人从个体上认为未来商业的形态是社区，即生产者、消费者，甚至所有其他成员都在一个社区之中（见图4-5）。

不管如何命名，分布式商业或社区的特点都是，它除了让所有成员享受交易成本的降低与交易效率的提高外，还应让所有成员分享整个生态的收益。如果区块链对商业的变革真正发生，那么未来一个商业生态中的主要收益不仅属于互联网平台，而且可能按照贡献相对公平地分配给所有参与者。在DeFi领域，我们已经看到不少这样的尝试。区块链技术驱动平台向社区转变的趋势还在酝酿之中。

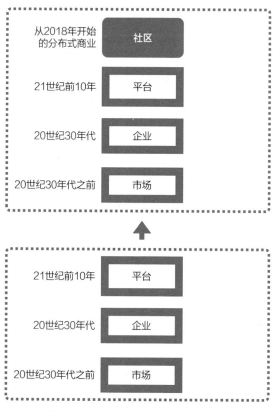

图 4-5　互联网平台与分布式社区

接下来，我们从交易的四个方面出发看区块链技术的潜力与前景。

2. 从交易看区块链

——货币

我们可以从多个角度来看货币，其中一个角度是，几千年来，货币的基本功能之一是作为交易媒介，其作用是降低交易成本。

货币的范围比通常理解的法定流通货币要广泛得多，站在互联网的角度看尤其如此。美国印第安纳大学教授爱德华·卡斯特罗诺瓦（Edward Castronova）是研究虚拟世界里货币现象的著名经济学家，在《货币革命》一书中，他的团队研究了 20 多个在线项目，得出的重要结论是："所有研究对象（在线项目）都包含一个内部市场，每个市场都拥有自己的货币。"

"全球性数字价值转移系统（Digital Value Transfer，DVT）的原始形态已经出现，只等一个合适的时机进入公众的视野。"当他这样展望时，比特币已经出现，但区块链与通证还没有进入大众的视野。而现在，他所预测的正在变成现实，"合适的时机"可能到来了。卡斯特罗诺瓦从互联网项目和游戏中看到了"内部市场"和"内部货币"，他看到这些内部市场和内部货币像互联网一样全部联系到一起形成一个全球数字价值转移系统（见图4-6）。现在我们看到，把它们连起来的是区块链技术。

数字价值转移系统
（Digital Value Transfer）

"全球性数字价值转移系统的原始形态已经出现，只等一个合适的时机进入公众的视野。"

爱德华·卡斯特罗诺瓦
研究虚拟世界货币现象的著名经济学家，著有《货币革命》（2014年）

图4-6　数字价值转移系统

换一种角度看货币

卡斯特罗诺瓦说的货币和经济学家常说的货币并不一样。经济学家所说的货币，一般来说是指黄金白银、金币银币、现代国家发行的纸币以及银行卡等代表的电子货币。在他的讨论中，货币的定义要宽泛得多，战俘营中的香烟、航空公司的航空里程、咖啡店中集齐10个印章即可获赠一杯咖啡的优惠、游戏里的金币，都是广义的货币。比特币与各种加密数字货币或通证，当然也属于广义的货币。

卡斯特罗诺瓦把除法定货币之外的货币分成几类：企业货币、行业货币和以游戏币为代表的虚拟货币。

- 企业货币，指的是由一家企业发行的，仅可以在这个企业内部使用的货币，如航空公司的里程、星巴克买十送一的优惠。

- 行业货币，指的是只在一个行业中可用的货币。比如，如果你领的不是一家航空公司的里程积分，而是一个联合体（如星空联盟）的里程积分，那它就是一种行业货币。又如，提供全球机场贵宾休息厅服务的 Priority Pass 发行的 Priority Pass 卡可被看成一种特殊的行业货币，它是进入机场休息厅的"令牌"。比特币也可被看成一种典型的行业货币。

- 以游戏币为代表的虚拟货币，指的是在游戏里用的各种金币、钻石等。玩家可以用金钱去购买这些游戏金币，也可以通过玩游戏比如按时间长度或战斗胜利来获得游戏金币。

你应该已经发现，这几种所谓的广义货币——企业货币、行业货币、游戏币等虚拟货币，与央行、银行和金融机构发行的货币没什么关系，它们都是由私人企业发行的。它们与国家发行的法定货币是截然不同的，因而可称之为"私人货币"。在《货币革命》中，卡斯特罗诺瓦专门研究了美国关于货币的法律，并得出了一个明确的结论：企业或个人发行这些私人货币，是完全符合美国法律的。当然，严谨来说的话，这些"货币"字样上或许应该加上引号，以与国家发行的货币加以区别。

作为专门研究虚拟世界货币现象的经济学家，卡斯特罗诺瓦的立场非常有趣：在说起货币时，他没那么一本正经，而主要关注货币的本质属性。通常认为，通货有三个功能——交易中介、计量单位、价值储藏。而他发现，虚拟货币有一种独特的功能，可称为通货的第四种功能——愉悦功能（见图 4-7）。这同样可能是现在的加密数字货币或通证的核心功能，虽然尚未引起足够的重视。

他的意思不是说金钱本身有价值让你感到愉悦，而是说，你看着自己银行卡上的数字增长，会感受到愉悦。类似地，当你看到自己的虚拟账户上的积分数字在增长时，也会感到类似的愉悦。

通货的四种功能

交易中介

计量单位

价值储藏

为人们带来愉悦的感受

图 4-7　通货的第四种功能：为人们带来愉悦的感受

的确，在他讨论的游戏币等虚拟货币上，财富效应的重要性可能远不如"为人们带来愉悦的感受"这一功能。卡斯特罗诺瓦写道："人们之所以要数钱，原因只有一个，那就是知道自己拥有多少钱才能感到愉快。人们数钱时会身心愉快，这意味着虚拟货币的增长对人类福祉有着巨大影响力。"

又如，所谓的量化自我运动，即精确地记录自己的各种身体数据，其实也可视为一种广义的虚拟货币现象：我们不断地被吸引去看自己的心跳数据、步数、体重，那些数字本身就有让人愉悦的效果。

总的来说，卡斯特罗诺瓦对于虚拟货币的分析，特别是关于通货的第四种功能的讨论，可以极大地拓展我们的认知边界，让我们能更好地展望区块链和通证的意义。

互联网上无处不在的"虚拟货币"

其实在互联网上虚拟货币早就无处不在。中国互联网用户对于虚拟货币并不陌生，曾经在很长的时间里，Q币是中国互联网上的"硬通货"，严格地说，Q币相当于1元人民币，曾经可以在电商网站上购买实物商品。有人甚至危言耸听地说，Q币会冲击人民币。在当时，Q币可能是全世界最强势的"虚拟货币"。

当然，现在的Q币和当年的Q币已经有极大的差别，现在的Q

币是完全符合现行各项法律法规要求的。按现在腾讯网站上的定义，Q币可以兑换其体系内各种虚拟服务的计算机点数。

我们来回顾一下10多年前发生的变化。2007年，按照多个部委联合发布的通知要求，腾讯进行了调整，不再允许Q币兑换回人民币。用户可以用人民币购买Q币，作为代币在腾讯的各种产品体系中使用，比如看小说、玩游戏，但是Q币不能再卖掉来兑换回人民币，Q币也不可以再购买实体商品。在用户之间，Q币无法转让，我没法把我的Q币转送给你。用户之间进行Q币的赠予几乎不可能，只有借用很绕的方式才能实现，比如你想付费看一本小说，可以请别人来帮你代付。

现在的Q币就是一家互联网公司向用户预收的费用而已，这些费用在用户账户里显示为"点数"，可以用它来兑换腾讯提供的一些互联网服务。

在现有互联网产品中，有三种用户可感知的广义货币。第一种是广义货币，如Q币、打车App的账户余额等，用户用法币现金购买，然后转换成公司的点数。在打车App中，"存100多返80"后形成的钱包余额，在转换后已经不是人民币，而是仅表示为人民币金额的点数。一般来说，点数的规则是，用户不可以再将这些点卡退掉。在平台上，收取点卡的商家可以找平台兑换成法币，这时平台通常要收取30%或其他比例的佣金。

社交网络公司 Facebook 也曾短暂地推出过一个名为 CC 的点卡，但很快将其取消了，转而用一个支付系统取代。在当下互联网中常见的第二种广义货币系统正是 Facebook 和现在很多移动 App 所做的，它们取消了中间的点数，而建立了一个支付系统，直接利用人民币或美元等法币进行结算。这类支付系统也是卡斯特罗诺瓦所说的"数字价值转换系统"的一种表现形式。

第三种广义货币则是互联网积分，用户不需要用法币去购买，而是通过在虚拟世界里的努力来挣得。积分在商业中很常见，商家经常实施客户忠诚度计划，用积分来吸引用户重复购买。

卡斯特罗诺瓦曾说，他研究的在线项目都包含一个内部市场，每个市场都拥有自己的货币。在放开货币的范围后我们看到，在互联网上货币无处不在。比如，从这种视角看京东商城这样一个大型电商网站，我们会发现它包括多种广义货币系统，其实每个大型网络零售或服务交易公司都是如此。拆解京东这样一家大型网络零售平台，可以看到它有四种类似货币的系统：支付、积分、点卡、优惠券（见图 4-8）。它们分别是：①用户可以直接用人民币买东西，这是一个支付系统；②京东有京豆，购物或点评可得到京豆，它可以在京豆商城中兑换礼品，也可以在购物时以 1000 个京豆抵 10 元现金；③京东有一种名叫"京东 E 卡"的购物卡，这就是点卡；④类似传统商场，京东也提供各种各样的优惠券。特别重要的是，这些广义货币都是合法合规的，只要遵守相应的法律法规，这些支付、积分、点卡、优惠券都是在合法合规的范畴之内的。

图4-8　网络零售平台中的四种类似货币的系统

3. 从交易看区块链

——账本

比特币系统的"区块 + 链"的数据存储方式是专为电子现金的账本而设计的，比起数字文件和关系型数据库，它更接近于现实中的账本。区块链可能会以新的方式将物理世界中的账本数字化，这将带来很大的变化。在商业世界里，账本是最基本的事物之一，账本是商业交易的基础。

账本的演变：从单式记账、复式记账、会计电算化到区块链账本

在账本出现之前，人类经历了仅靠头脑记忆、简单刻画和结绳记事等几个阶段。结绳记事常被看成账本的起源。之后，人类的账本又经历了几个阶段——单式记账、复式记账、会计电算

化，而现在区块链账本可能将商业账本推进到新阶段——区块链账本。

在第一阶段，人们按照时间发生的顺序，把各种账目记下来，这就是流水账，也叫单式记账。

复式记账则是记账历史上最重要的发明，至今仍是当代会计的基础。简单地说，复式记账是指任何一个交易都必须同时分别记录到两个或两个以上的账户中。比如，一家公司花5万元买了服务器，那么在它的资产负债表中，现金就要记录减少了5万元，而资产则要记录增加了5万元。

之后，随着计算机的发展，公司的记账都实现了会计电算化。当然，当代公司的会计与财务体系要复杂很多，还有企业资源计划（ERP）系统，比如一家上市公司的账目要由独立第三方的会计师事务所进行审计。

现在，区块链则可能在多个方面改变账本：

- 区块链以"区块＋链"的方式存储交易，这可能是比关系型数据库更好的交易账本的存储方式。

- 区块链的账本保留修改记录，不易被篡改，它有在数字世界中更好地复制账本和单据的功能。

- 区块链的账本是在去中心网络中以分布式存储的，它可能会成为商业交易中多个交易主体共享账本的方式。

- 区块链的账本中可以直接存储表示价值的通证，交易信息（交易达成）和价值转移可以在一个账本上合二为一。

区块链给记账带来的最大变化，应当是以"三式记账法"所命名的处理数据的独特方式。

"三式记账法"：适应数字时代的独特记账法

在2005年，计算机专家与密码学家伊恩·格里格（Ian Grigg）提出了所谓的"三式记账法"（triple entry bookkeeping）。他的建议是，在复式记账法之外，增加第三套账本，即一个独立的、公开的、由密码学担保安全性的交易明细账本，且任何人都无法篡改。用银行转账的例子来说，这相当于把记录交易明细的那个账本独立出来，把它公开在互联网上，任何人都可以来查验。

现在人们已经认识到，我们可以超越格里格的思路：区块链不只是记录交易明细的账本，它能生成交易凭条，它能传递交易凭条。交易凭条相当于钱，它的转移即是价值的转移。由此，区块链网络成为价值流动的新工具。

比特币区块链和其他通用的区块链系统完全采纳了格里格的两个主要建议。

格里格的第一个建议是，在各家公司的复式记账法账本之外建立第三个账本，它存储的是交易凭条。

例如，我将一船货物运送给你，我们一起用密码学的方法生成一个收条，上面记录双方均无异议的交易：

我，艾柯，将一船货物已经交给你。

我，鲍勃，已经签收此船货物。

密码学的方法被用来进行数字签名，以确保收条是签名方认可的。数字签名在数字世界中取代了纸上的签名。

格里格的第二个建议是，把这个账本实时地公开，谁都可以来查验，从而让这个凭条本身是独立可验证的。

其实在格里格提出三式记账法很早之前，1990 年，密码学家尼克·萨博（Nick Szabo）就提出了所谓的"上帝协议"（The God Protocol）：让多台计算机组成的网络来帮各方形成信任关系，让计算机网络像可以无条件信任的上帝一样担任中间人。

他设想，在一个多方均可访问的"虚拟机器"（由相互连接的计算机组成的网络）上存放一个电子表格，形成一个可验证的交易明细记录。在萨博设想的基础上，格里格往前进了一大步，他给出了更具体的实现思路，特别是在这个电子表格（也就是账本）如何构成上。

中本聪在发明比特币区块链时，则解决了让三式记账法有效的第三个问题：如何让一个网络中互不信任的节点就账本达成一致。

他引入了技术和经济相结合的共识机制工作量证明来完成这一任务。当然，中本聪也找到了三式记账法的账本在技术上实现的具体方法，也就是用区块存储交易、哈希指针将这些区块连接起来以及非对称加密。

设想分布式账本的一种应用场景

具体设想一下，区块链如果应用到公司的账目记录中，会带来什么变化？

如果区块链账本难以被篡改的特性被利用起来，那么外部会计师事务所所做的审计工作就要简单很多。又如，在极致的情况下，如果一家上市公司的账本是对所有人公开的，那么这家上市公司在财务处理中依赖第三方审计的环节就可以被简化掉。

即便这个账本不是对所有人公开的，如果区块链账本的分布式特性被利用起来，也可能带来很大的变化。当代的公司往往是嵌入在一个复杂的商业网络中，每个公司都要与很多合作方有账目往来。如果利用区块链让各合作方能够根据需要查询与之相关的账本记录，则将极大地增强合作方之间的信任。

按英国经济学家科斯在《企业的性质》中的分析，当企业内部的交易成本低于市场协调的成本时，相关的交易会被纳入企业内部。在企业内部，交易以内部管理与协调机制的方式完成。

现在，在大型企业内部，一种常见的做法是设立一个财务中心，维护一个集中账本，信息化强化了大企业对财务的管理。财务中心既管理企业的账本，又直接管理企业的资金。

但在市场上，众多的市场主体不一定总能合并成一个大型企业集团，它们仍然需要通过市场的方式进行交易。在这种情况下，每家公司管理自己的账本、资金，通过签订协议来进行商业交易，通过银行等第三方机构来转移资金。在多数时候，商业交易是两种方式的综合，一部分在一个大型企业内部进行，另一部分通过市场的方式进行。

在账本的应用上，区块链展示了一种新的可能性：在一个行业中，众多的市场主体可以共享一个分布式账本。

这种分布式账本可能同时拥有集中账本和市场化交易的优点：所有权不必集中，但可借用区块链来降低交易成本。这样它就同时具有集中协调与自由市场交易的优势（见图 4-9）。当然，这是理想化的设想，有待进一步探索。

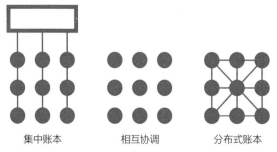

集中账本   相互协调   分布式账本

图 4-9　分布式账本：兼具集中账本和市场化交易的优点

4. 从交易看区块链

——合同

区块链技术激活的一个重要概念是"智能合约"。尼克·萨博在1994年提出了智能合约：当一个预先编好的条件被触发时，智能合约就执行相应的合同条款。

按条件触发被执行的代码，在软件编程中不是什么新想法。智能合约在区块链时代被激活是源于，在数字世界中，数字资产首次大规模地出现，只有在被用于处理数字资产时，智能合约的优势才开始凸显出来，因为这时智能合约有了完全的全流程掌控权。

智能合约是能按条件触发、按预先设定的规则处理数字资产的软件代码。如果单独看按条件触发进行计算，智能合约可能会显得性能不够高，但当用它来处理有价值的资产时，性能就不再是最大的问题。并且，如果它与预言机、李嘉图合约等一起使用，则可以处理链下资产，与人进行交互，创造符合现实商业交易所需的应用。

智能合约是区块链在互联网经济和实体经济中应用的关键。之前我们已经从不同的角度讨论了智能合约，这里来展望智能合约的未来。

完全自治是智能合约的未来吗

从计算机出现开始，完全的"自动化"一直是很多人的终极梦想——让程序自动运行，不需要人的介入。在考虑智能合约的应用时，同样的设想再次出现。

但是，完全自治、不需要人介入的智能合约是未来吗？一个名为SkyFlyer的作者曾在2015年撰文讨论智能合约，并绘制了一张图展示交易完全自动化的情景，在他的基础上，我对该图示进行了改进，在原图中的第三阶段之后增加了一个新的阶段（第四阶段）。围绕这张图讨论，我们可以看到，交易经历这样几个演变阶段：

- 第一阶段：两个人直接交易，不需要任何中介的介入。

- 第二阶段：两个人通过一个人工仲裁者（中间人）进行交易。

- 第三阶段：两个人通过中心化系统进行交易，中心化系统背后有人工仲裁者。

- 终极阶段：他设想的终极场景是最后一个阶段，两个人通过去中心化系统进行交易，由智能合约协调，完全无须仲裁者的介入。

比特币、以太坊等系统正是按照这样的理想场景来设计的，它们的区块链是去中心化的交易基础设施。

但是，在试图将区块链实际应用的过程中我们发现，去中心化系统要想真正落地，在必要时，人工仲裁者的介入是必不可少的。比如，如果交易双方发生了争议要如何处理？预先确定规则并编码实现的智能合约不一定能考虑到所有的争议情形。

因而，我们略加修改，在现在的中心化系统和完全的去中心化系统之间，增加了自动与自治的智能合约和人工仲裁相结合的第四阶段。

为了实际应用，我们需要从理想的完全自动与自治往回退一步：在需要的时候，让人工仲裁者介入（见图 4-10）。

要注意的是，在第三阶段，人工仲裁者可能属于中心化的中介机构。但在第四阶段，这个仲裁者不一定属于某个中介，众人在社区中交易，仲裁者也可以是由社区成员选举而来的。类比说，这些仲裁者不一定是法官，也可以是从社区中选出来的陪审员。

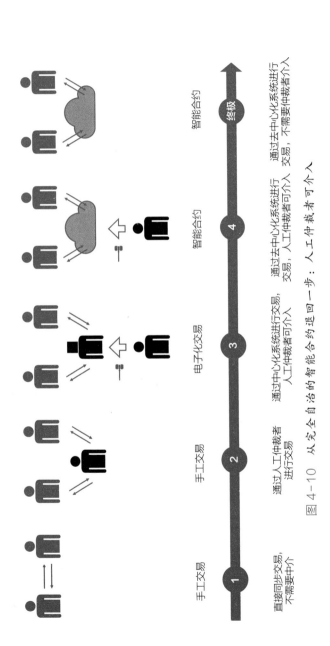

图 4-10 从完全自治的智能合约退回一步：人工仲裁者可介入

我们还可以对比以太坊和 EOS 这两个主要的基础公链的智能合约设计。以太坊的智能合约是按完全理想化的状态设计的，编写上链后无法修改，自动执行。EOS 的智能合约则更接近图中的第四阶段：EOS 的智能合约要匹配李嘉图合约。李嘉图合约是机器和人都可以阅读的合约，具有法律效应。有了李嘉图合约之后，在应用中使用智能合约时，我们可以在需要时引入人工仲裁者。

5. 从交易看区块链

——协同

从交易看区块链，我们还可以看到协同的变化。当价值在数字世界中被用通证形式表示和分配时（比如根据贡献分配时），它可以带来协同的自动化和自治。过去，一家公司通过工资与奖励激励员工，通过商业合作吸引合作伙伴，通过公益行为回报社会。在采用通证之后，社区中的贡献者可相应地获得代表某种权益的通证。在罗金海所著的《人人都懂区块链》一书中，他从协同的角度对通证的价值进行了描述：（通证经济系统）是把原本耗散的成本集约起来，用技术手段把收益分散到体系内的每一个参与者，然后用经济激励的手段，让整个生态圈中的每一个人、每一个角色尽可能地参与进来。

这种利用通证达成的协同，可看成是把市场经济中"看不见的手"带到社区，用市场取代管理这只"看得见的手"。有人甚至宣称，公司消失，社区兴起。与公司相比，社区不需要公司内的那种强信任。正如领英联合创始人里德·霍夫曼（Reid Hoffman）所说："区块链使得无须信任的信任（trustless trust）成为可能，交易的参与者不需要知晓或者信任彼此，不再需要中介。"

组织的创新

早在 2014 年 5 月 6 日，以太坊创始人维塔利克就绘制了一张图，来讨论组织的类型（见图 4-11）。对于有内部资本的，他认为去中心化的可能组织形式是"去中心化自治组织"（DAO）。

对于无内部资本的，他认为去中心化的可能组织形式是"去中心化应用"（decentralized application, DA）。其中，内部资本是指其内部有价值的资产，如果有这种资产，它就可以被用来激励参与者的行为。

维塔利克与另一位区块链传奇人物——EOS 的主要开发者丹尼尔·拉里默有很多争论。其实他们的共同点远大于差异，他们强调的都是去中心化自组织，争论在于去中心化自治到什么程度？

维塔利克偏向完全自治的一端，而拉里默从实用的角度出发，将区块链的设计从机器的一端往人的一端又拉回了一点。

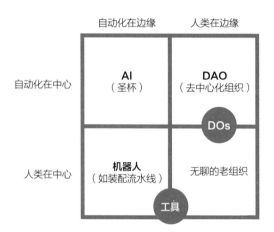

a）有内部资本（internal capital）

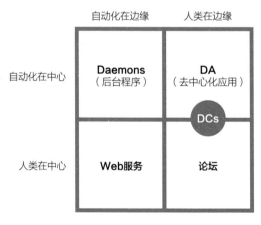

b）无内部资本（no internal capital）

图 4-11　组织的类型：去中心化自治组织与
　　　　　去中心化应用（维塔利克绘制）

注：DCs 指的是分布式社群（decentralized communities）；DOs 指的是
　　分布式组织（decentralized organizations）。

为了提升区块链的效率，拉里默设计的一系列项目都在人与机器之间进行折中。比如，在 EOS 区块链的主网上线前后，超级节点竞选极度地把重心从机器偏向了人。在坚持比特币原始设计的人看来，基于计算机算力竞争形成的自治才是好的，有人参与就是倒退。但不可否认的是，DPoS 提供了一种改进现有区块链系统性能的可能性，而超级节点竞选在上线时刻让 EOS 能有一个活跃的主网。现在，以太坊向 2.0 的演进也是用 PoS 取代 PoW。

围绕区块链的组织模型虽然有很多变形、演进与争论，但始终都在 DAO 所在的象限，差别是去中心化的程度——服务器网络的去中心化程度，以及人介入的程度。

以人类社会的组织来类比：中心化组织的典型代表是公司，而分布式自治组织的典型代表是社区。在宏观上找参照系，我们还可以说，中心化组织是计划经济，而分布式自治组织是市场经济。但是，实际运行中的组织往往不是某种理想组织，而是折中的组织形态。

6. 结语：

区块链是数字经济的交易基础设施

中国正在建设数字经济，而区块链是数字经济的又一新的基础设施，是除现有互联网、物联网、大数据、人工智能之外的关键基础设施。

对于数字经济有很多界定，比如 2016 年 G20 杭州峰会发布的《二十国集团数字经济发展与合作倡议》认为："数字经济是指以使用数字化的知识和信息作为关键生产要素，以现代信息网络作为重要载体，以信息通信技术（ICT）的有效使用作为效率提升和经济结构优化的重要推动力的一系列经济活动。"

在马化腾、孟昭莉等著的《数字经济》一书中，作者全面总结了数字经济的五个特征：数据成为驱动经济发展的关键；数字基础设施成为新的基础设施；数字素养成为对劳动者和消费者的新要求；供给和需求的界限日益模糊；人类社会、网络世界和物理世界日益融合。

其中令我印象最深的是"人类社会、网络世界和物理世界日益融合"。理想的信息互联网应用连接三者，而理想的价值互联网应用也连接三者。

来看看这三个空间的互动。最初，数字经济仅存在于网络世界，互联网行业只包括主要线上业务。随着互联网产业的发展，更多的人际互动和物理世界被卷入其中。现在，每个人的生活和工作交流多数都已经在网络上进行。从网络零售电商开始，到出行、外卖等生活服务电商，再到企业的互联网应用，互联网成为物理世界经济发展的重要推动力。

形象地看，我们可以把人类社会、网络世界、物理世界看成三个圆环，它们相互分离，有一些连接线（见图4-12a）。互联网的发展让网络世界出现，但在很长的时间里，它是相对独立的。之后，从QQ到微博，再到微信，人际交流已经在很大程度上转移到了网上，每个人都亲身感知到了网络社交给社会带来的变化。淘宝、天猫、京东、美团、滴滴则让我们感受到物理世界和网络世界的交融。现在，随着互联网产业的高速发展，以及近年来虚拟现实（VR）、人工智能、区块链等技术的突破，原本只与网络世界有关的数字经济持续扩大，开始部分覆盖到人类社会和物理世界这两个圆环。最终，这三个圆环可能会被网络世界扩展出来的部分融合，形成一个全新的数字经济体（见图 4-12b）。

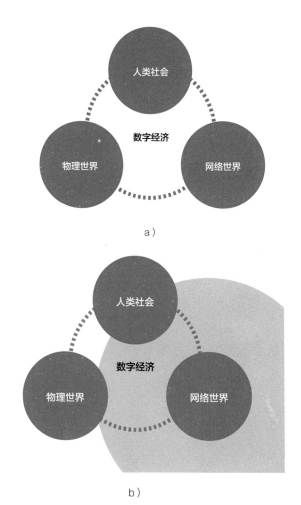

a）

b）

图 4-12 数字经济的三个空间：人类社会、
网络世界、物理世界

一直以来，信息互联网作为关键技术支撑了数字经济。信息互联网的功能是与信息流动相关的。现在，区块链在互联网基础层次增加了与价值有关的功能，带来价值互联网。

区块链和它带来的价值互联网和我们所知的信息互联网又是同构的。过去 20 年来互联网产业的发展、近年来"互联网＋""共享经济"的发展都表明，信息互联网不只是 IT，它的基础是计算机和与网络相关的技术，但信息互联网带来变革的方式是变革组织与商业，它已改变了一个又一个的产业。

类似地，区块链也不仅仅是 IT，不仅仅是一种比现有数据库更好的分布式账本技术，它必将带来组织与商业变革。它可以衍生出众多的价值交易应用，成为价值交易的基础设施，并最终惠及个人、产业与经济。

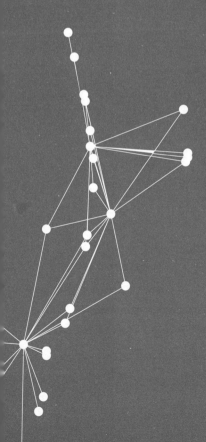

附录 **A** | 详解瑞波
与瑞波币
区块链与跨国转账

详解瑞波与瑞波币
—— 区块链与跨国转账

瑞波（Ripple）是区块链在金融领域里应用的典型，它试图用区块链技术解决真实世界中的一个难题——跨国汇款。瑞波币（XRP）是撰文时总市值排名第三的数字货币，仅次于比特币与以太币。但在讨论区块链时，瑞波与瑞波币经常被排除在外，这是缘于它的运作方式与比特币、以太坊截然不同，多数人对它知之甚少。

这里，我们尝试以案例讨论的方式理解瑞波与瑞波币：它们是什么？它要解决什么问题？它是如何解决问题的？

瑞波公司和瑞波币有着复杂、难解的关系，它们共用一个名字，但瑞波公司反复强调：瑞波公司和瑞波币是两回事。这么强调是必要的，一方面确认了瑞波是加密数字货币，专门用于支付；另一方面避免了瑞波币被视为与瑞波公司业绩挂钩的证券。

那么，瑞波公司是什么样的公司？瑞波币是什么？这就要从头说起。

瑞波：从协议到生态

瑞波的历史最早可以追溯到 2004 年，加拿大温哥华的软件开发者瑞恩·富杰尔（Ryan Fugger）发明了用于互联网支付的"瑞波支付协议"（RipplePay）。

2011 年，基于这个协议，同时看到在 2009 年出现的比特币的优点与不足之后，杰德·麦凯莱布（Jed McCaleb）开始借鉴比特币的设计，开发一个与其不一样的数字货币系统：比特币依靠计算机的算力挖矿来达成共识，瑞波则依靠成员间的共识来确认交易事务。

2012 年，瑞波公司正式成立，当时名字叫 OpenCoin，后来改名为瑞波实验室。2012 年，克里斯·拉森（Chris Larsen）和杰德·麦凯莱布一起劝说瑞恩·富杰尔和瑞波社区，同意后成立了这家公司，由克里斯·拉森担任 CEO。这家公司的早期投资者有谷歌风投和硅谷知名风险投资公司 A16Z 等。

瑞波公司开始开发名为"瑞波交易协议"（Ripple Transaction Protocol，也可简称为"瑞波协议"）的新支付协议：

（1）两个用户之间可以即时、直接转账，不需要任何中介。

（2）通过它，人们可以进行各种货币或类货币的转账，比如美元、欧元、日元、人民币、黄金、航空里程等。

（3）它是基于区块链技术开发的，有一个由网络中的服务器共同维护的共同账本，服务器不一定属于瑞波公司，而可以属于任何人，比如银行等金融机构。

（4）它模仿比特币，基于区块链推出了自己的数字货币瑞波币，以帮助金融机构进行转账。

2013 年 9 月，这家公司正式更名为瑞波，并宣布瑞波的服务器和客户端全部开放源代码。这么做是在开源社区和公司之间再做一次角色的区分。瑞波的主要开源技术是与瑞波币相关的瑞波币账本（XRP Leger），它自称是一个"分布式的加密账本"。[⊖]

这家商业公司的运作重心变为主攻跨国汇款，与金融机构合作，将"瑞波协议"融入已有的金融 IT 系统。它的全球金融合作伙伴有美国运通、加拿大皇家银行、埃森哲等。在亚洲，它还与日本的银行 SBI 建立合资公司 SBI Ripple Asia 株式会社，并组建了一个包括 40 多家会员的日本银行业联盟，会员单位管理超过80% 的日本银行资产。

⊖ 瑞波币账本的开发者门户：https://developers.ripple.com/。
瑞波在 gitHub 上的开源地址：https://github.com/ripple。

至此，瑞波从一个支付协议发展成为一个生态（见图 A-1）：属于社区的开源软件、提供商业产品的瑞波公司，以及数字货币瑞波币。其中，瑞波公司是开源代码的主要贡献者，持有大量的瑞波币。这三者共同运行一个瑞波区块链，又称为"瑞波网"（RippleNet）。

瑞波生态包括三个层次：

- 第一个层次是抽象的全球支付协议。

- 第二个层次由开源软件、瑞波公司、瑞波币共同组成。

- 第三个层次是由众多金融机构组成的社区联盟，联盟成员也参与瑞波区块链的运作。

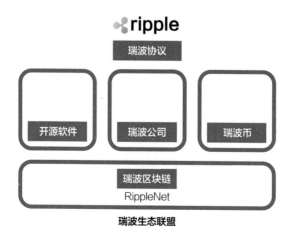

图 A-1　瑞波的组成

瑞波所建立的全球支付网络瑞波网，是典型的实时全额支付系统（real time gross settlement，RTGS），是按国际标准建立的跨银行电子转账系统。在其主要应用的跨国汇款领域，瑞波网也可被看成银行业通行的环球银行金融电信协会（SWIFT）系统的有力竞争者。

瑞波公司的角色

瑞波公司是瑞波生态的核心：它是"瑞波协议"的发明者，是开源代码的主要贡献者，是瑞波网这个区块链网络的核心运营者，也为开源软件提供技术支持，如运营开发者门户。除此之外，瑞波公司还有两个重要角色。

角色之一：提供商业化产品

瑞波公司提供了三种解决方案，来帮金融机构或公司接入瑞波区块链网络。这三种解决方案分别是：

- 协助银行处理全球支付的 xCurrent。

- 帮支付服务商提供流动性的 xRapid。

- 帮普通公司接入瑞波网进行支付的 xVia。

角色之二：瑞波币的"管理人"

瑞波公司的另一个重要角色涉及瑞波币。瑞波币是一种采用区块链技术发行的加密数字货币，是仅用于瑞波区块链网络内部的交易媒介。它的网站上曾有这样一段话介绍瑞波币：类似于比特币，瑞波币存在于瑞波区块链网络中，是一种没有交易对手的货币。[⊖]

瑞波币一共发行了 1000 亿枚，与比特币、以太币等随着时间的推移逐渐增发不同，在创建时，所有的 1000 亿枚瑞波币都直接发行出来了，且根据规则将永不再增发。

瑞波币的创建者也就是瑞波公司的创始团队给自己留下了 200 亿枚，将另外的 800 亿枚交给瑞波公司管理。

至今，瑞波公司仍拥有 60% 以上的瑞波币。这正是为什么我们认为瑞波公司的重要角色是瑞波币的"管理人"。不管在传统世界中，还是在区块链世界中，这都是一个我们不熟悉的角色。按常见的逻辑，我们无法解释这种安排。

⊖ 根据瑞波网站知识中心的信息，网站在"基于数学的货币"中写道："XRP exists natively within the Ripple protocol as a counterparty-free currency, as Bitcoin does on the Blockchain. Because XRP is an asset, as opposed to a redeemable balance, it does not require that users trust any specific financial institution to trade or exchange it. All other currencies on Ripple do require some amount of trust, as they each have an issuer, from whom that currency can be redeemed(this includes BTC on the Ripple network)." 网 址 为：https://web.archive.org/web/20150330112457/https://ripple.com/knowledge_center/math-based-currency/。

从公司证券的角度看，瑞波币反映的不是瑞波公司的股权价值，按 2018 年 6 月瑞波币 0.67 美元 / 枚的价格，这部分瑞波币总价值为 536 亿美元，瑞波公司作为一家公司远没有这样的价值。

从货币的角度看，发行 1000 亿枚瑞波币，然后将其中的 80% 交给一家公司或机构分配与使用，也不是现代国家发行货币的逻辑。

按区块链世界的逻辑，比特币、以太坊等的核心是强调去中心化，而不会把数字货币交由某个中心化机构管理。区块链项目的通常做法大体上分为两个阶段：第一个阶段是在开发者、投资者和其他贡献者之间进行分配；第二个阶段是根据区块链上预先确定的规则进行增发，也包括通过回收减少整体流通量。其中，比特币没有第一个阶段，而以太坊明确分为两个阶段，但它们的共同点是均没有一个数字货币的中心化管理人角色。

现在，瑞波公司持有 610 亿枚瑞波币，其他 390 亿枚在公开市场上自由流通与交易。为了应对批评，瑞波公司将自己持有的瑞波币中的 550 亿枚存入了一个托管账户。

现在看来，瑞波公司所持有的瑞波币有以下三种用途：

一是售卖给加入瑞波网络的合作伙伴。比如，在瑞波网络中交易不需要瑞波币，但每个节点需要至少 20 个瑞波币以反垃圾用途，避免有人恶意占用网络资源。

二是将瑞波币赞助给技术社区或学术机构，以推动瑞波区块链网络的应用。比如，瑞波公司在 2013 年曾给出 2000 万枚瑞波币，2018 年 5 月它宣布建立一个 5000 万美元的赞助基金，资助包括普林斯顿大学、麻省理工学院等在内的 17 所世界知名大学的区块链研究。

三是瑞波公司将瑞波币作为自身的运营费用。在 2018 年 3 月，瑞波公司公关传播负责人告诉媒体，每个月有 1 亿枚瑞波币被从托管账户中释放给瑞波公司，2 月公司使用了价值不到 1000 万美元的瑞波币，剩下的瑞波币被存入一个新的托管账户。

瑞波公司解决什么问题，是如何解决的

瑞波公司为银行提供多个解决方案，其中最广为人知的是跨国汇款。银行等金融机构采用它的企业级软件，名为 xCurrent 的结算系统[⊖]，可以解决跨国转账的两个核心问题：时间长、成本高。

　　⊖ xCurrent 解决方案介绍页面：https://ripple.com/solutions/process-payments/；解决方案简介：https://ripple.com/files/ripple_solutions_guide.pdf；产品技术详解：https://ripple.com/files/ripple_product_overview.pdf。另外在解决方案页面中的视频介绍较为直观地介绍了跨国转账的过程。

现在，跨国转账使用的主要是 SWIFT 系统，这个系统主要是协助银行处理信息传递。瑞波的 xCurrent 软件可以看成对它的一种改进，银行等金融机构可以将它集成到自己的 IT 系统中。按瑞波公司公布的比较数据，它可以将跨国汇款的成本降低60%。

我们先一般性地讨论跨国转账，从一个假设案例看跨国汇款的具体流程。之后，我们再看瑞波的 xCurrent 软件的组成和相关技术。

现在的跨国汇款并不真正涉及资金的跨境流动，而仅仅是在不同的银行进行账本的处理。

假设，在美国的客户甲通过美国的银行 A，汇款给在阿根廷的银行 B 开设账户的客户乙。

再假设，阿根廷的银行 B 没有在美国开展业务。

接着又可以分以下两种情况。

一是银行 B 已经与银行 A 达成合作协议，它在银行 A 开设了往来账户（国外同业账户）。在这种情况下，收到客户甲的付款后，银行 A 向该账户存入转化成阿根廷比索的资金，两个银行间进行转账的信息操作，但不涉及资金的跨境流动。之后，银行 B 在阿根廷将资金支付给客户乙，一次跨国汇款就完成了（见图 A-2）。

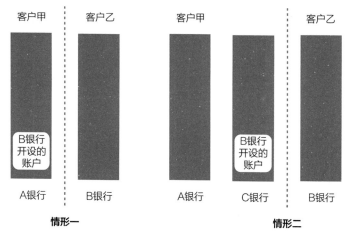

图 A-2　跨国转账的银行结算

二是银行 B 和银行 A 没有业务往来，而仅与银行 C 有往来关系，在银行 C 开设了往来账户。这时跨国汇款就需要银行 C 的加入。银行 A 和银行 C 之间通过本国的银行间支付系统进行转账。之后，银行 C 和银行 B 再进行资金的结算。

跨国汇款并不真正涉及资金的跨境流动，主要是依托 SWIFT 系统进行信息传递，从而进行清算（clearing），然后各个银行更新自己的账本，完成资金结算（settlement）。

通常，跨国汇款的流程比这个假设案例要复杂得多，涉及更多参与方。这样的跨国汇款流程的弊端是：整个流程漫长，即便在 SWIFT 系统的协助下也是如此；成本高昂，银行要在国外银行设立往来账户，涉及大量的处理成本与资金沉淀成本。

瑞波的 xCurrent 软件帮银行做的就是和 SWIFT 系统一样的通信，以及基于区块链的实时结算，以减少跨国汇款的成本（见图 A-3）。

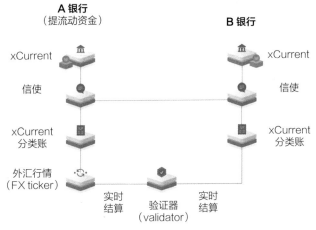

图 A-3　瑞波 xCurrent 的工作逻辑

银行部署了瑞波的 xCurrent 软件后，两个银行间的跨国汇款所经历的流程如图 A-4 所示，总体上分为以下两个阶段：

- 第一阶段：两个银行通过信使（messenger）进行信息交换。

- 第二阶段：两个银行经由瑞波的 xCurrent 分类账⊖、外汇

———————————

⊖　ILP 是瑞波开发的开源协议 InterLedger Protocol，IneterLeger 项目地址为 https://interledger.org/。

行情、验证器，进行账本的处理，完成资金在区块链账本上的结算。

要注意的是，这是一个为了便于理解而制作的简略图示，如果两个银行之间没有往来关系，那么仍然需要多个银行参与，以完成资金的结算。

从图 A-3 中可以看到，xCurrent 软件的四个核心组件分别是：[一]

- 信使，它可以连接到收款银行的实时信使，就交易信息、支付费用、外汇汇率、支付细节和预期的资金交付时间进行信息交换。

- xCurrent 分类账（ILP 分类账），是每个交易银行总账本的分类账本，被用来追踪交易各方的信贷、借记和流动资金。它使交易各方能够以原子方式结算资金，这意味着无论涉及多少参与方，整个交易要么即时结算，要么全部不结算。它以毫秒为单位完成资金结算。

- 验证器（validator），是以加密方式确认付款成功或失败的组件，协调各交易方 xCurrent 分类账上的资金流动。银行可以选择将自己的验证器应用于所有交易中，或者依赖于对方运行的验证器。

[一] 资料来源：《xCurrent 产品概述》（中文版），2017 年 10 月。

- 外汇行情（FX ticker），是 xCurrent 的组成部分，通过流动资金提供商发布外汇汇率。

要注意的是，在银行部署瑞波的 xCurrent 软件进行跨国转账时，用到了区块链的分布式账本技术，但并没有用到加密数字货币瑞波币。

瑞波公司一共提供了三种解决方案，在另外的解决方案中则用到了瑞波币。瑞波在为跨国汇款提供流动性的 xRapid 中，采用了瑞波币来进行货币转换。xRapid 目前仍处在开发阶段，现在有西联汇款（Western Union）和速汇金（MoneyGram）在参与试用。不过，瑞波币的价格波动可能与它的这个功能是相悖的，价格波动可能对银行来说意味着资产损失的可能，对此瑞波解释说，金融机构不需要大量持有瑞波币，而只需要在转换时用它做交换媒介，这就降低了它们因持有价格波动的瑞波币而遭受损失的可能性。

总的来说，瑞波公司最初拟采用瑞波币和瑞波网来进行跨国汇款，但之后选择了提供 xCurrent 软件以更好地服务现有的银行客户，而瑞波币的实际应用目前仍处在早期。

「冷知识」瑞波跨国汇款的流程

具体来说，利用瑞波的 xCurrent 系统进行一次跨国汇款要经过五个步骤。

第一步，发起支付（payment initiation）。

第二步，交易前验证（pre-transaction validation）。

第三步，用加密技术搁置资金（cryptographic hold of fund）。

第四步，结算（settlement）。

第五步，确认（confirmation）。

我们再来看瑞波 xCurrent 产品概述文档中的一个具体例子，[⊖]
详细了解跨国汇款的工作流程。我们假设，两个银行都部署
了瑞波的 xCurren 软件系统，都可以通过它汇出和接收付款，
发款或收款机构均可提供流动资金。

美国的 A 公司需要支付欧盟欧元区的 B 公司共计 100 欧元。
A 公司在美国的美元银行中开设有一个账户，B 公司在欧盟的
欧元银行中开设有一个账户。

为了使跨货币汇款通过 xCurrent 流通，银行可以利用其现有
的与其他银行的往来账户关系，通过其外汇交易部门或外部
做市商提供外汇流动资金。

每家银行设立一个独立账户，其余额反映在 xCurrent 分类账
上。流动资金提供商将提供 4 万欧元可用资金用作瑞波交易
的支付款。

⊖ 后面的内容是对瑞波 xCurrent 产品概述文档中示例的简化，这
里引述是为了了解它的工作流程。

付款流程：汇款报文处理

如果一笔付款由 A 公司发起，两家银行的信使会交换有关 A 公司和 B 公司的信息，以便进行了解客户（KYC）/反洗钱（AML）等必需流程。

发款方的信使也会询问欧元银行有关交付 B 公司付款的处理费用。它要从流动资金提供商那里获得汇率信息。美元银行的信使编辑获得的信息，加上它自己的处理费用，告知交易所需的全部费用。

假设美元银行的费用为 5 美元，欧元银行的费用为 5 欧元，而欧元 / 美元的汇率为 1.1429，则向 B 公司汇出 100 欧元的总成本为 125 [（100+5）×1.1429+5] 美元。

付款流程：汇款结算之资金搁置

一旦 A 公司接受要价，付款就开始了。美元银行扣除 A 公司的账户金额 125 美元，收取 5 美元的费用，并贷记 120 美元至独立账户。

这些资金尚未贷记给流动资金提供商。它们会被搁置，直到欧元银行向验证器（validator）提供证明，证实它也把资金搁置并能转到 B 公司。

欧元银行将 105 欧元搁置，并向验证器提供加密收据（见图 A-4）。

美元银行的分类账

账户	借	贷	余额
发款方			$10,000
	$125		$9,875
流动资金提供商			
费用		$5	$5
Ripple 的独立账户		$120	$120

欧元银行的分类账

账户	借	贷	余额
收款方			€3,000
流动资金提供商		€200,000	€200,000
	€40,000		€160,000
费用			
Ripple 的独立账户		€40,000	€40,000

美元银行的 Ripple xCurrent 分类账

账户	借	贷	余额
搁置		$120	$120
流动资金提供商			

欧元银行的 Ripple xCurrent 分类账

账户	借	贷	余额
搁置		€105	€105
流动资金提供商		€40,000	€40,000
	€105		€39,895

图 A-4 账本变化：Ripple xCurrent 搁置现金

付款流程：汇款结算之验证

这将启动验证器指示美元银行将来自 A 公司的资金搁置，并提供搁置的加密收据。这些收据包含资金搁置的加密证明，但不包含关于银行、交易方或付款细节的任何信息。

一旦验证器收到证据证明两家银行都将资金搁置，它就会启动资金结算，指示两个分类账释放并转移搁置的资金。这是一个原子过程，意味着两个异地银行的结算交易同时发生，从而消除了结算的风险。

其中，交易细节保密，只对交易银行公开，而验证器只用于验证是否已满足某些条件（比如是否有可用的资金用于交付）。

一旦交易在两个 xCurrent 分类账上结算，欧元银行就将收取 5 欧元的费用，并将 100 欧元交付至 B 公司的账户。

一旦资金到达 B 公司的账户，美元银行就会接到通知，可以立刻向 A 公司提供付款确认信息（见图 A-5）。

图 A-5　账本变化：Ripple xCurrent 完成支付

注：以上图片来自 Ripple xCurrent 文档。

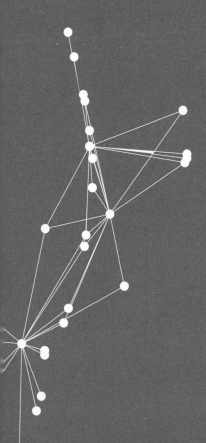

附录 B

详解
Steemit
基于区块链的内容平台

详解 Steemit
——基于区块链的内容平台

基于区块链技术，服务区块链人群，Steemit 博客平台快速地火了起来，它现在 Alexa 排名全球第 1017 名。

Steemit 博客平台在很长时间内是普通 C 端用户可以使用的少数区块链应用之一。它背后的区块链 Steem 至今仍然是交易事务量靠前的主要区块链系统之一。

除了利用区块链作为基础技术平台之外，Steemit 博客平台和之前的主要内容创作平台的区别是，它引入了对内容贡献者的"经济激励机制"。

Steemit 博客平台虽然自称是社交媒体，但产品中并无明确的社交关系，而主要着眼于把类金钱激励引入到文字内容的创作中，写文章可以获得"赏金"，它的网站称这个过程为"妙笔生金"——在 Steemit 博客平台上，你撰写优秀的文章，将获得加密数字货币形式的金钱回报。

在这个案例中，我们来仔细看看 Steemit 其及背后的内容专用区块链 Steem，通过它来理解通证经济系统。我们先看它是什么——它的构成方式和激励方式，之后再探讨以下三个专门的问题：

- 凭空发行的加密数字货币可以用作奖励吗？

- 当平行世界和外部世界发生联系时，会发生什么情况？

- 经济激励在内容平台上会起到多大的作用？

区块链与应用：Steem + Steemit

Steem 的组成正是典型的区块链"基础公链 + 应用"的形式（见图 B-1）。它有一个内容专用的公链——Steem 区块链，在其上有多个应用，最重要的是 Steemit 博客平台。

Steem 区块链的主要目的是，创建一个奖励内容生产的技术和经济系统，它们可能是第一个面向普通 C 端用户的区块链系统。它们形成了一个完整的系统，可供参考。

Steem 区块链是关于内容的，它在如何通过经济激励来促进优秀的内容创作、形成社区方面有很多尝试。数字内容可能是未来区块链最早真正出现落地应用的领域之一，Steemit 的经验教训因而值得关注。

Steem区块链首要应用
一个博客平台

通过建立一个活的、有呼吸的、生长的社交经济，Steemit 重新定义社交媒体，在其中，用户分享自己的声音，获得奖励。它是新的注意力经济。

（Steemit has redefined social media by building a living, breathing, and growing social economy-a community where users are rewarded for sharing their voice. It's a new kind of attention economy.）

四种货币　STEEM　Steem Power　SBD　SMT

Steem区块链
一个公链

Steem是一个适用于内容出版者的、基于区块链的奖励平台，内容出版者可以用它来进行内容变现与激励社区成长。

（Steem is a blockchain-based rewards platform for publishers to monetize content and grow community.）

图 B-1　Steem 与 Steemit 的组合：基础公链 + 应用

Steem 区块链的特点有：

- Steem 区块链是一条内容专用的基础公链，围绕它已经形成一个小的开发生态。这条内容公链有一个特点，它把文章文本数据存在区块链上，对比而言，多数基础公链只存交易。

- Steem 区块链发行三种数字货币（STEEM 币、SP、SBD），并准备推出类似以太坊 ERC20 标准的 SMT，让内容创作者可以在其上发行自己的通证。

- Steem 区块链采用每年增发数字货币的形式形成奖金池（reward pool），用以奖励内容贡献者（作者＋投票者），奖金是根据用户的投票来分配的。

- 该区块链的共识机制是 DPoS。特别地，仅 SP 持有者（相当于社区的股东）拥有投票权。

在 Steem 区块链中存在四种通证，分别是 SP、STEEM 币、SBD 和 SMT（见图 B-2）。在 Steemit 博客平台上只用到了前三种：

- STEEM 币是基础通证。

- SP（Steem Power），可以类比为公司股份。我们可以把 STEEM 币存为 SP，从而拥有股东的投票权和股东的分红权。

- SBD（Steem Blockchain Dollar），为系统内的稳定货币，相当于可转换债券。按设计，它始终保持在总市值的 10% 以下，它的价格应该在 0.95 ～ 1.05 美元波动。

图 B-2　**Steem 区块链的四种通证设计**

SBD 是一个有意思的设计，有了它，在 Steem 区块链系统内部，用户可将 STEEM 币转换成 SBD，避免 STEEM 币的价格大幅度波动带来的影响。相应地，Steem 区块链系统内置了一个单一功能的币交易所：在其中，STEEM 币和 SBD 可以相互兑换，兑换汇率由这一区块链中被选举出来的见证人决定。

在 FAQ 中，Steem 对自己的介绍是，这是一个"点数系统"（points system，积分系统），但由于是基于区块链开发的，这些点数可以在加密数字货币市场上进行交易。相应地，自由市场交易也形成了 STEEM 币的市场价格。

写文章得奖金的区块链博客系统是如何运作的

在 Steemit 博客平台上，写文章的人、写评论的人、点赞的人将因为做出了内容贡献而得到"奖金"。那么，这个内容奖励机制是如何运作的？

Steemit 博客平台采用了很简单的设计逻辑：文章创作者和发现优秀文章的人将获得"金钱"回报。用社交媒体的术语说，创作（creation）和策展（curation）的人可获得回报。决定回报的方式是按内容的优秀程度，而什么内容是优秀的，则根据用户对内容的投票来确定。

对应地，Steemit 博客平台开发了两个系统：一个是利用加密数字货币的经济激励系统（reward pool），另一个是对内容投票的系统（voting system）。

内容贡献者将得到什么

内容贡献者将得到"奖金"，其中一半以 SP 形式发放，另一半以 SBD 形式发放。SBD 的数量根据区块链内部交易所的汇率价格进行折算。

奖金在内容贡献者之间按如下比例分配：

- 作者（author）获得 75%。

- 点赞的人（curator，内容策展人）获得 25%。

写评论和给评论点赞，遵循类似的原则。

这些奖金从哪里来

人们写文章获得奖金，那么这些奖金是从哪里来的？

其实，这些"奖金"要加上引号，它并不是真的钱，而是 Steem 区块链自己发行的加密数字货币。

Steem 区块链的设计思路和区块链鼻祖比特币是一致的：自己凭空发行加密数字货币。内容贡献者获得的奖金，是 Steem 区块链新增发的 STEEM 币。

从 2016 年 12 月（第 16 次硬分叉）开始，Steem 区块链进入正常运转状态，之后，它每年新增发 9.5%（并逐年减少 0.5%）。新增发的 STEEM 币按如下比例分配：

- 75% 作为奖金，进到奖金池。

- 15% 分配给 SP 持有者。

- 10% 给 DPoS 共识机制的见证人。

根据什么原则分配这些奖金

分配原则是，由 SP 持有者投票决定文章可以获得的奖励。这个投票机制很像公司股票：SP 持有者可被看成股东，持有的 SP 越多即股票越多，投票权越大。

这是一个有效的机制，但也让 Steemit 遭到了很多批评。现在看来，那些早期进入、持有大量 SP 的人，可能就对这一内容社区有太大的话语权了，让它难以持续健康地发展。

还有什么办法推广自己的文章

除了等持有大量 SP 的人来投票，把文章顶上去，还有别的办法在这个内容社区里面推广自己文章吗？

我们还可以花费 SBD 来推广文章。推广文章会消耗 SBD，消耗的 SBD 会转向一个 @null 地址，这些消耗掉的 SBD 就从这个经济系统中被销毁掉了。

简单地说，Steemit 博客平台是一个增加了经济激励的内容社区，用户做出内容贡献，可以获得 STEEM 币这种数字货币形式的奖励，而这些数字货币是凭空发行的。

讨论一：凭空发行的数字货币可以用作奖励吗

Steemit 博客平台增发加密数字货币，用户写文章获得虚拟货币奖励。它像是处在一个平行世界，对于信的人来说，这是可行的，而对不信的人来说，他们会疑问：我写文章，究竟获得了什么？

Steemit 博客平台不容易被理解的一个原因正是：它与物理世界常见的内容系统有很大差别。它几乎没有法币现金输入，也没有法币现金的输出能力，所以无法拿出钱来去奖励内容创作者。对比而言，现实中的内容系统由于要用现金奖励内容贡献者，因而必须有现金的输入。我们来看以下四种典型的内容系统（见图 B-3）：

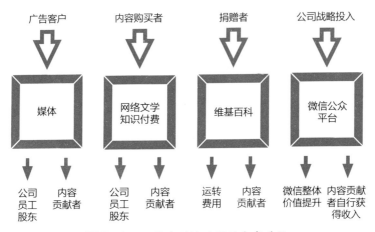

图 B-3　四种典型的互联网内容系统

一是媒体。媒体获得广告收入，之后将其分成两个部分：一部分用于公司团队的运作，另一部分给外部内容贡献者。

二是网络文学或知识付费。它们把内容售卖给用户，所获费用也是分成两个部分，其中一部分给了内容贡献者。

三是社区性质的内容平台。特别地，以维基百科为例，它每年获得少量捐助，以维持系统的运转，而团队（非营利组织）和内容贡献者均不从它这里获得收入，这是一个基于善意和认知盈余分享的内容系统。

四是像微信公众平台这样的内容系统，它是一个超大型公司的一部分。它的投入是一家公司的战略投入，微信公众平台提升了微信的整体价值。由于微信公众号变成了中文世界中最大的原生内容生态之一，整个腾讯公司都从中得到了极大的收益。

微信公众平台并不付钱给任何人来写文章，它只是努力地开发和运营这个平台，形成一个生态。这个生态部分涉及金钱交易，比如用户相互打赏、做广告、卖东西。

我们还可以看看直播等其他内容系统。直播系统有明确的现金输入，用户买各种礼物打赏主播，主播再将礼物换成钱，而直播平台得到交易佣金。

对比看，Steemit 博客平台发奖金给作者的机制，和我们熟悉的各种内容系统的机制是完全不同的。Steemit 博客平台的作者处于一个与物理世界完全隔离的平行世界中，获得的是基于区块链生成的计算机点数。

但另一方面，迄今为止，Steemit 博客平台运转得很好，它的奖励机制能够奏效。它吸引的是比特币和区块链的爱好者，这群人愿意待在一个平行世界中。

有疑问的人都是在比特币和区块链社区之外的人。只要站在这个平行世界之外，拿现实的内容系统的运作逻辑去套它，我们就难以理解：为什么要写文章获得 STEEM 币的奖励？

换位站到这个平行世界中，我们理解它就相对容易了。这里发生的情形与博客刚刚兴起时相似。当时，博客圈之外的人很困惑：写博客又没稿费，为什么要写？处在博客的平行世界中的人想的是，我喜欢就行。

讨论二：当这个平行世界和外部世界发生联系，会发生什么情况

Steem 区块链设计了一套精妙的货币系统：STEEM 币与 SBD 是类现金；SP 是类股权，拥有对平台事务的投票权；SBD 是类债券，价格保持稳定。从逻辑上看，Steem 区块链的通证经济系统设计几乎是完美的。

现在在讨论通证经济系统设计时，人们越来越接受这样的设计模式：一个系统中应该有两种通证：一种代表权益，价格是波动的，并且从长期看是上涨的；另一种代表功能使用权，用于消费，价格应该保持相对稳定。

这个平行世界几乎是完全独立的，只在极少数情况下，外部的少量加密数字货币会输入进来。比如，你要获得 STEEM 币，你可以通过写文章、点赞来赢取，也可以在它的内置交易所（钱包）中购买——用比特币、以太币等来购买。当然，以这种方式输入系统中的外部"金钱"很少。

在 Steemit 平台，我们获得的"奖金"是这个平行世界中的通证。特别地，SBD 虽然锚定美元的价格，按设计它应该保持对美元的兑换汇率稳定，但它并不等价于美元，它只是"Steem 区块链元"。在这个平行世界里，如果你要把 SBD 转换成美元，对

不起，没有渠道。Steem 区块链和 Steemit 公司都没有承诺说，"你有 SBD，我就兑换美元给你"。虽然系统的设计是按照维持 1 SBD 对应价值 1 美元来设计的，但是，并无人承诺会按照这个汇率兑付。

当这个平行世界独立运转时，一切很完美。当这个平行世界和外部连接上时，麻烦就来了。我们用图示来理解这个平行世界和外部的关系（见图 B-4）。在 Steem 平行世界之外的一层是加密数字货币世界，再往外是数字世界，最外层是物理世界。在物理世界中，我们使用的是法币。

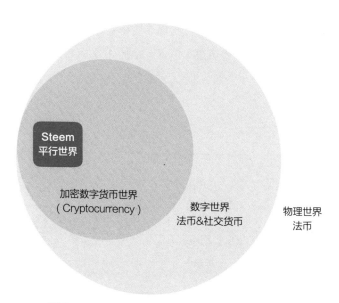

图 B-4　当 Steem 平行世界跟外界连接起来

如果把 Steem 看成一个完全独立运行的平行世界，一切都很完美。但是，当这个完美的平行世界和外部世界连接起来时，会发生什么情况？只要看看当 STEEM 币和 SBD 在加密数字货币市场上开始自由交易时的情形，我们就知道了，再完美的设计也经不起现实的考验。这还只是这个平行世界稍稍往之外的一层走出去了一点。

我们回顾一下 STEEM 币的价格变化（见图 B-5）。

在刚刚开始交易的时候，2016 年 4 月 18 日，价格是 0.64 美元，总市值是 261 万美元。2016 年 7 月 15 日，价格是 4.31 美元，总市值是 3.6 亿美元。在这个阶段，价格涨了 6 倍多，按测算似乎突然有大量代币进入流通，从原 167 万枚变成了 8352 万枚。

图 B-5　STEEM 币的交易价格

资料来源：coinmarketcap.

2016 年 12 月，Steem 区块链开始进入稳定的增发阶段。

2016 年 12 月 31 日，价格是 0.159 美元，总市值是 3664 万美元。这个时候测算，STEEM 币的总量已经变成了 2.34 亿枚。再之后，新增发行就放缓了。

2018 年 1 月 4 日，价格是 7.28 美元，总市值是 17.9 亿美元。

2018 年 3 月 30 日，价格是 1.52 美元，总市值是 3.888 亿美元。

这个价格波动尚可以理解，STEEM 币进入交易市场，它的价格就会由交易来决定，随着大市大幅波动。

这种大幅波动也给内容社区带来了问题。内容贡献者获得的奖励一半是 SP，另一半是 SBD。STEEM 币价格的波动也让内容贡献者的所得是大幅波动的。比如，可能发生这样的情况：两篇文章获得了数量相当的投票，它们获得的通证奖励应该是相当的，但是，奖励的价值在 2018 年 1 月 4 日可能值 728 美元，而在 3 月 30 日仅值 152 美元。

更麻烦的情况发生在 Steem 区块链设计的系统稳定币 SBD 上。真正显示平行世界完美设计失效的，是 SBD 兑换美元的汇率也大幅波动（见图 B-6），它在自由交易市场中的实际价格表现完全不符合它的设计——锚定 1 美元，在 0.95 ～ 1.05 美元波动。

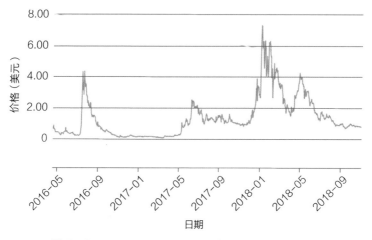

图 B-6　Steem 区块链的稳定币 SBD 的价格波动

资料来源：coinmarketcap.

从图 B-6 中可以看到，SBD 的两次价格波动都反映它的设计失效了：

- 在 2017 年 5 月 18 日出现了一次莫名其妙的突发事件，价格突然从平常的 1.7 美元左右涨到 2.2 美元。

- 它的价格从 2017 年 12 月份开始经历了巨幅的波动，现在为 1.52 美元。

从 STEEM 币、SBD 的价格波动看，Steem 区块链的货币系统在自己的平行世界中可能很完美，但一对外接触到加密数字货币经济之后，就出了很大的问题。

讨论三：经济激励在内容平台中会起到多大的作用

在此之前，我们的假设是：Steemit 博客平台给内容贡献者奖励"金钱"的做法，能够形成有效的内容社区。

其实我们并不知道，仅用现金奖金做激励，是不是促进一个优秀内容社区的好方法。这个问题很复杂，内容社区的繁荣有多种原因。我们只是暂且接受 Steemit 博客平台这种简单粗暴的方式，至少形成一个用户活跃的内容社区——奖励的确激发了写作、投票和评论。

互联网平台研究者邱达利（Sangeet Paul Choudary）曾绘制了一个平台画布（platform canvas），用一张图把一个平台的各种组成部分清晰地展示了出来（见图 B-7）。在实际应用中，平台画布适用于各种类型的平台，包括内容平台、淘宝等电商平台、滴滴等服务交易平台等。

过去看这个平台画布时，我们通常会重点关注右下角的变现方式——平台运营公司如何从平台的交易中获取收益。用平台画布的形式看 Steem 区块链和 Steemit 博客平台，我们看到，它的各个部分和原来的平台基本上相同，主要的不同之处在于，区块链让 Steemit 博客平台可以用通证来重构左下角的"货币系统"。

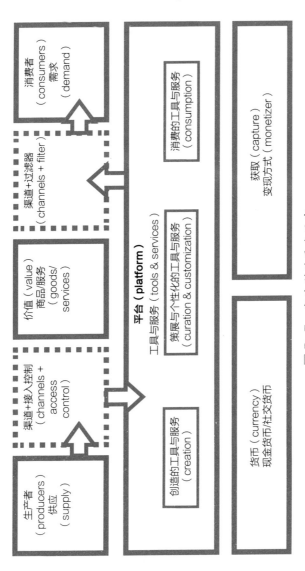

图 B-7 邱达利的平台画布

未来，当用区块链变革一个产业的时候，特别是用通证经济重新设计一个互联网平台的时候，我们面对的情况可能是类似的：互联网平台原来的组成部分并没有发生多大的变化。但平台仍要完成自己的核心角色：创作工具（creation）、策展与个性化工具（curation & customization）、消费工具（consumption）。以内容平台为例，用户体验、内容策展、内容监控、内容分发的机制（如算法/社交）和过去可能差别并不大。

当我们用区块链来改造一个平台时，平台画布中的"货币系统"可能会发生非常大的变化。同时，在采用区块链的通证之后，我们不只是有了一个新的货币系统，更可能是我们要面对更多之前不熟悉的情况。我们前面引述 Steem 的 FAQ 说，通证可交易，是这种计算机点数的重要特性。但是，当通证可以在外部系统中进行交易时，对它的很多控制权就转移出去了。逻辑上完美的系统在运行时的状况可能和我们的设想很不一致，正如我们看到的，外界价格的大幅波动可能会对生态的稳定发展造成冲击。

「 **冷知识** 」Steem 与 Steemit 的四种通证

在 Steem 区块链中有四种通证：STEEM 币、SP（Steem Power）、SBD（Steem Dollars），以及类以太坊 ERC20 通证标准的 SMT（Smart Media Tokens）。Steemit 博客平台涉及的是前三种。

根据 Steem 白皮书（2017 年 8 月版），我们对它的主要通证介绍如下。

STEEM 币

STEEM 币是 Steem 区块链的基础通证，SP 和 SBD 均是由它发展而来的。

与以太坊等区块链对比，Steem 区块链在通证经济系统设计上的不同在于，它除了基础通证之外，还设计了其他通证。

SP

Steem 区块链通证设计的一个诉求是，它希望有一批长期的通证持有者，这批人相当于这个社区的股东。

STEEM 币持有者可以将 STEEM 币转为 SP。STEEM 币被转换为 SP 后，这些通证不可交易、不可切分。要将 SP 提取出来，需要经过最少 13 周的时间。

将 STEEM 币转换为 SP 称为"Powering up"。将 SP 转换为 STEEM 币称为"Powering down"。如果要将 SP 转为 STEEM 币，从你提出申请之后的一周开始，这些 SP 将按每周 1/13、连续 13 周逐步地转换为 STEEM 币。

对于相信 Steem 区块链与 Steemit 博客平台会持续发展的用户来说，较好的做法不是在二级市场上投机买卖，而是将自己

的 STEEM 币转换为 SP。这样做有多个好处:

- SP 越多，对内容的影响力越大。在 Steemit 博客平台上为优秀内容投票时，它的投票机制是每个转换为 SP 的 STEEM 币可以投一票，而不是像多数社交网站那样一个用户一票，投票将决定"奖金池"的分配。更准确地说，只有把 STEEM 币转换为 SP，你的投票才是有效的，你的 SP 越多，你对 Steemit 博客平台上的内容的影响力就越大。

- SP 将获得对应的收益。每年新增发的 STEEM 币中将有 15% 直接分配给 SP 持有者，由所有 SP 持有者根据 SP 数量均分。因此，SP 持有者除了因 STEEM 币价格上涨而获得收益之外，还将直接分享 Steemit 博客平台发展壮大的收益。

通过 SP 的相关设计，Steem 将这些长期持有者的利益与平台的整体利益协调一致。

SBD

Steem 白皮书说，"(货币价值) 稳定是成功的全球经济的重要特性"。在经历 2017 年年底的暴涨暴跌之后，这个论断变得更易于理解。

比如，如果比特币的价格会长期上涨，那么谁还会将它花掉呢？按某些乐观的人的预测，比特币的价格回到 5 万美元，那么手上有比特币的人的最佳选择是"囤币"。

反过来，如果比特币的价格大幅波动，那么商家在接受比特币付款时就要三思。2017 年比特币兑换美元的价格曾高达 2 万美元，但又暴跌至 7300 美元，然后在 1 万美元左右大幅震荡。在这种波动下，如果出售每套价值 100 万美元的住宅，收取比特币就变成不可行的选择了。

因此，Steem 区块链设计了一个系统内的稳定货币——SBD，它相当于一种可转换债券（convertible note）。可转换债券是一种创业公司早期融资的方式，比如，我们向一家公司投资 50 万美元，但在投资时并不确定所占的股份比例，而在之后适当的时候按当时的估值转换为相应的股份。

Steem 白皮书明确说，SBD 可以视为一种"公司债券"。为了避免债券对公司价值的影响，它的设计机制对 SBD 的总量进行控制：如果 SBD 债券的总量超过 STEEM 币市值的10%，Steem 区块链就会自动降低 STEEM 币的产出速度，从而提升 STEEM 币的价格，因而能保持债券 / 市值比（debt-to-ownership ratio）始终在 10% 之下。

SBD 将可以按照某个汇率转换为 STEEM 币，假设 STEEM 币没有进入交易所交易，这时汇率将由 SP 持有者（相当于股东）

选出的一组见证人根据规则来确定。

SBD 作为一种债券，也可以获得利息收益，利率由上述决定汇率的同一组见证人决定。各方利益是一致的，因为如果有人愿意持有 SBD 债券，那么 STEEM 币、SP 持有者是受益的。

总的来说，Steem 区块链希望把 SBD 设计为一个相对于美元稳定的货币，它的波动范围在 0.95 ~ 1.05 美元。

SMT

另外，Steem 区块链要创造出让别的内容贡献者也可以自行发行通证的 SMT 标准，用以发展这些内容贡献者自己的内容社区。

如果这个内容社区已经存在，则内容社区的组织者可以从以下两种做法中选择：一是直接分配采用 SMT 标准的新通证给原有的内容贡献者；二是进行代币众筹，募集发展这个内容社区所需的比特币、以太坊等形式的资金，并以这种方式分配新通证。

在 SMT 白皮书中，它设想了五种使用场景（用例）：

（1）内容出版者，使用单通证（Content Publishers-Single Token Support）。

（2）论坛，使用多通证（Forums-Multiple Token Support）。

（3）在线内容的评论插件（Comments Widget for Online Publishers）。

（4）用通证来激励子社群的协调者与管理者（Sub-Community Moderators and Managers）。

（5）用通证表示物理世界的资产（Arbitrary Assets-Tokens Representing Real World Assets）。

「冷知识」Steem 与 Steemit 的历史

2016 年 3 月，Steem 白皮书发布。

2016 年 7 月 4 日，Steemit 正式发布。Steemit 现在的首页显示："妙笔生金：你的思想是有价值的。赶快加入发表文章获得赏金的社区。"

Steem 区块链和 Steemit 是专门用于文字内容创作的，激励经济系统的设计是其重要亮点。它设计有四种货币：STEEM 币、SP、SBD 和 SMT。其中，允许其他人在其上发行通证的 SMT 标准拟于 2018 年发布。

Steem 区块链的技术社区较为成熟，已经提供 Javascript、

Python 以及 Steemit API 等多种开发工具。

Steem 现属于 Steemit Inc. 公司，CEO 是内德·斯科特（Ned Scott），创始人是内德·斯科特与丹尼尔·拉里默。

Steem 区块链采用丹尼尔·拉里默发明的委托权益证明共识机制（DPoS）和石墨烯区块链框架（Graphene）。

在 CoinMarketCap.com 网站上，STEEM 币为排名第 35 的加密数字货币（2018 年 6 月 26 日），价格为 1.33 美元，总市值为 3.5 亿美元（相当于 5.6 万枚比特币）。3 个月后，它的排名为 27 名，价格为 2.55 美元，总市值为 6.44 亿美元（相当于 6.9 万枚比特币）。STEEM 币的总量为 2.69 亿枚，已发行 2.52 亿枚。

推荐阅读

付费

作者：方军 ISBN: 978-7-111-56729-5 定价：59.00元

关于互联网知识付费的首部作品。知识工作正在被重塑，知识经济正在开启互联网时代下半场，为你展现互联网知识经济全景大图，解读新物种的前世今生。荣获CCTV2017年度中国好书。

知识产品经理手册

作者：方军 ISBN: 978-7-111-59744-5 定价：59.00元

CCTV2017年度中国好书《付费》姊妹书，每一位知识从业者必备的产品指导书，精准解读知识产品的内在逻辑，快速提升产品经理的核心技能，打造爆款产品的精准方案。

穿透式学习

作者：方军 ISBN: 978-7-111-64912-0 定价：69.00元

一位互联网时代的资深学习者的经验之谈，3大穿透式学习思维，16个实用指南型工具，告诉你如何快速、高效学习，跨越知识与实践的鸿沟，迅速成长为职场精英。

平台时代

作者：方军 程明霞 徐思彦 ISBN: 978-7-111-58979-2 定价：49.00元

我们正在进入平台时代，平台是新经济的引擎。互联网平台带来技术驱动的大规模社会化协作，它是连接者、匹配者与市场设计者。互联网平台成为全球经济中强大、同时又具创新精神的关键部分。